哈佛凌晨四点半

哈佛大学教给青少年的成才课

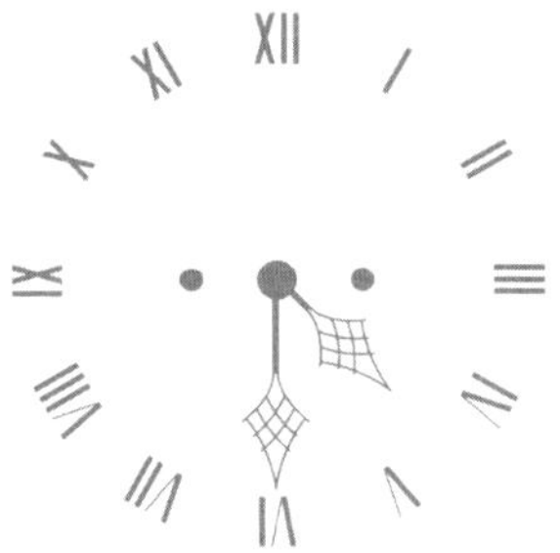

朱文平◎编著

古吴轩出版社
中国·苏州

图书在版编目（CIP）数据

哈佛凌晨四点半：哈佛大学教给青少年的成才课 / 朱文平编著 . —苏州：古吴轩出版社，2014.6（2020.6 重印）

ISBN 978-7-5546-0254-6

Ⅰ. ①哈… Ⅱ. ①朱… Ⅲ. ①成功心理—青少年读物 Ⅳ. ① B848.4-49

中国版本图书馆 CIP 数据核字（2014）第 086680 号

责任编辑： 王　琦
见习编辑： 王佛森
策　　划： 盛桐文化
封面设计： 零三二五艺术设计

书　　名： **哈佛凌晨四点半：哈佛大学教给青少年的成才课**
编　　著： 朱文平
出版发行： 古吴轩出版社
地址：苏州市十梓街 458 号　　邮编：215006
http://www.guwuxuancbs.com　　Email:gwxcbs@126.com
电话：0512-65233679　　传真：0512-65220750
出 版 人： 钱经纬
经　　销： 新华书店
印　　刷： 北京盛彩捷印刷有限公司
开　　本： 710×1000 1/16
印　　张： 16
版　　次： 2014 年 6 月第 1 版
印　　次： 2020 年 6 月第 2 次印刷
书　　号： ISBN 978-7-5546-0254-6
定　　价： 28.00 元

【序】
PREFACE

为梦想前行，哈佛其实并不遥远

从纽约驱车大概三个半小时，进入喧嚣的波士顿市区，然后跨过查尔斯河，便来到了美国东部地区最负盛名的“大学城”。这里绿荫下有餐馆、酒吧、银行、邮局，还有无数散发浓郁欧洲风味的楼群。

如果此时，急切地询问他人：请问哈佛大学怎么走？

他们会这样告诉你：这里就是哈佛，没有大门，也没有围墙！

没错，这就是全球顶级学府——哈佛，300多年来培养了8位美国总统、44位诺贝尔奖获得者以及数以万计的商界精英，可谓是每个求学者的梦想之地。

哈佛乃至美国的大学与中国的大学不一样，哈佛的整个校区没有一尺围墙，大学就是安谧小城镇的一部分，校长师生们就是小镇居民，而小镇居民也自认是哈佛的半个主人，可以和天之骄子的哈佛学生们混迹一起，自由参加哈佛的任何活动。

哈佛就是这样——真理面前人人平等，任何人、任何时候都可以在这里感受它的真理。就像乘“五月花号”刚刚落足这片新大陆的先哲们一样，可以没有房舍御寒，没有玉米黍充饥，但必须要订立约法。哈佛从降生之初起，就用拉丁文写下校训：Amicus Plato，amicus Aristotle，sed magis amica veritas.意为“以柏拉图为友，以亚里士多德为友，更要以真理为友”。

而自创立300多年来，它也真正做到了真理面前人人平等。不管你出生在何种家庭，过去是怎样一个人，只要你拥有独立的人格，自我认可、勤于思考的能力，哈佛的大门随时为你敞开！这也正是直至今日，哈佛的自由主义和耶鲁的严谨传统依然对比鲜明的原因，也正是富贵公子布什来自耶鲁，混血贫儿奥巴马出自哈佛的原因。只要有梦，哈佛其实就在你的身边！

但哈佛没有围墙，并非没有限制，想要进入哈佛，你不但要有优异的成绩，还得拥有独一无二的“哈佛性格”。这正如在哈佛读过博士的汪宁先生所说：“能考上哈佛的高中生当然都是非常优秀的，但进了哈佛的大门，就不一定是最优秀的了，因为哈佛集中了来自世界各地的优秀人才。上哈佛只是人生道路上的一个新起点，因为哈佛看重的不是你有没有学习的天分，而是你将来能对社会做多少贡献。”

所以在重新为青少年修订《哈佛凌晨四点半：哈佛大学送给青少年的最好礼物》这本书时，我加入了更多进入哈佛的面试题，以便你们在树立梦想的同时，也能离哈佛更近一步。

与此同时，我还原了最初策划该书时的初衷，将“哈佛图书馆”重新搬回了此书。因为几乎所有哈佛的优秀、哈佛的成就，都离不开这座号称是全球最大、藏书最丰的大学图书馆——哈佛图书馆。我根据哈佛图书馆的书目、哈佛面试官经常会问到、哈佛大学教授推荐的影响世界的100本书中，抽取了最为经典的作品推荐给大家，以供大家在阅读该书之余，能抽取更多的时间去阅读这些经典，与哈佛学子们一同成长！

目录
Contents

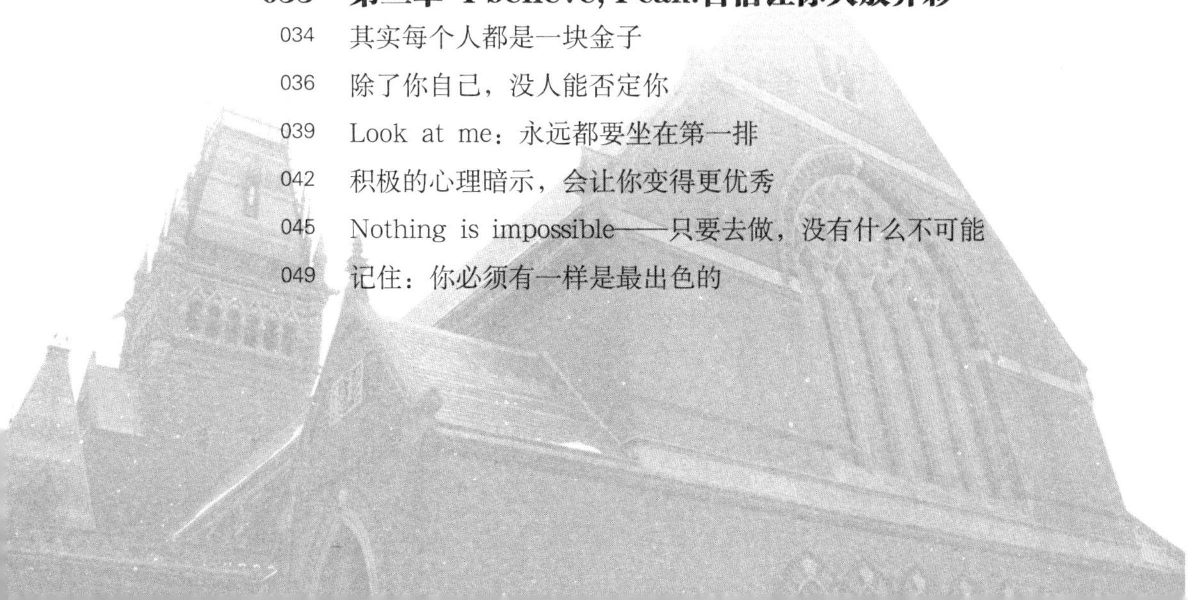

第一章

为什么他们能够迈进哈佛的校门

9 哈佛女孩刘亦婷凭什么进入哈佛

哈佛是每一位中国学子心中的求学胜地。只要你走进哈佛的校门，就能看到来自世界各地的优秀学子。无论他们拥有怎样的特长、怎样的文化背景，能够被哈佛选中，肯定有他们最突出的一面！

在哈佛大学，中国学子的身影并不少见。他们通常被视为出类拔萃的佼佼者，成为中国万千学子心中崇拜的偶像。而在这些佼佼者中，“哈佛女孩”刘亦婷可能是最先为人所知晓的了。

几年前，一本名为《哈佛女孩：刘亦婷》的书在国内卖得火热。这位传奇女孩的母亲在书中介绍说，她的女儿刘亦婷在高考前几天同时接到了来自哈佛大学、哥伦比亚大学、蒙特豪里尤克学院和威尔斯利学院四所世界顶尖学府的录取通知书，而她最终选择了万千学子梦寐以求的哈佛大学，并且得到了每年高达3万美元的助学金。

刘亦婷凭什么进入哈佛呢？她的素质和能力又是如何培养的呢？一时间，这些问题成为国内家长们热烈谈论的话题。

刘亦婷，曾是成都外语学校高三的一名普通学生，在她接到哈佛的录取通知书之前，也和其他高三学生一样，每天都在紧张地复习功课，为高考做准备。

刘亦婷的父母都是普通的知识分子，他们很注重女儿的身体素质以及健全人格的培养。在刘亦婷3岁的时候，父母就开始引导她做一些简单的家务，7岁的刘亦婷已经学会自己做饭了。通过这些家务劳动，刘亦婷比其他孩子更有责任感，其独立能力也更强。

除了家务劳动，父母还鼓励刘亦婷去参加一些有意义的社会活动，比如一些业余的体育竞赛，公益活动等等。小小年纪的刘亦婷还参演了一部名为《苍天在上》的电视剧，饰演可爱灵气的市长女儿。

从小到大，父母还十分注重与刘亦婷的心理交流，即使上初中时她每周只回家一次，父母也会抽出固定的时间和她谈心。刘亦婷曾在一个公开的场合说过：“父母一直在精神上给我最大的支持，给我勇气和毅力，我想这些东西比他们在学习上教我的要更有价值。”

对于刘亦婷来说，接到哈佛大学的录取通知书只是一个全新的开始，日后还有很长的路要走。那段时间，为了早日进入哈佛深造，她不仅要办理各种手续，还必须强化自己的英语水平，因此她每天晚上都只睡四五个小时。

其实光论学习成绩，刘亦婷并不是班里最优秀的，她在高三上学期的成绩只排在班里第十名。如果哈佛大学只是以学生的学习成绩进行择优录取，那么刘亦婷就不可能成为幸运儿了。

那么，刘亦婷身上究竟有什么与众不同的地方呢？

她的班主任老师说：“刘亦婷是一个学习用功，并且自制力很强的学生！”五一长假的时候，她只在家里待了一天就回学校继续学习了，因为她觉得学校里没有电视，不会影响她专心学习。同时，刘亦婷不是死读书的人。她曾经获得过400米短跑比赛的冠军，还是学校英语剧社的顶梁柱。她的性格开朗，善于与人交流，懂得合理地表现自己……这些都是刘亦婷得到哈佛垂青的主要原因。

我们知道，每年至少有超过1.8万的学生报考哈佛大学的本科专业，可是最终被哈佛录取的学生却只有不到2000人。另外几所著名大学也是如此。那么哈佛女孩刘亦婷究竟凭什么进入哈佛大学呢？

在哈佛大学的录取通知书上赫然写道：“我们面对很多很多优秀的申请者，但是经过仔细慎重的选择，您不寻常的优秀素质和综合能力使您被我们录取……”

刘亦婷身上所凸显的“不寻常的优秀素质和综合能力”，不仅来自于父母的全面培养，也来自于自身素质的不断完善。这样的素质和能力既是中国教育体制下的大多数，也是自我发展的极少数。相信哈佛女孩刘亦婷的成功之路，一定能够给青少年朋友们带来一些启示，让青少年朋友更加注重自己的素质以及综合能力的培养，只要努力，就会成功！

◎哈佛图书馆

《西方的没落》是著名史学家斯宾格勒20世纪初创作的一部史学巨著，素有“历史博物馆”之称。在书中斯宾格勒从宏大的文化比较形态学的角度以生物生长过程的观念进行历史研究，把世界历史分成八个完全发展的文化，细致考察其各个时期的不同现象，揭示其共同具有的产生、发展、衰亡及毁灭的过程，通过对西方文化的精神逻辑和时代症状的描述，预言西方文化终将走向没落。

◎哈佛考考你

思维题：如果用3、9、0、1、8、5分别组成一个最大的六位数与最小的六位数，那么它们的差是多少呢？

A：15125

B：849420

C：786780

D：881721

答案：D。因为最大的数为985310，最小的数为103589，所以它们的差为881721。

汤玫捷：她是这样迈进哈佛的

哈佛大学每年都会从世界各国近三万名考生中，择优录取约两千人组成新一届的大一本科新生。这其中有百分之十来自美国本土，而剩余的新生都从世界其他八十多个国家筛选。

此前，哈佛大学会专门委托世界各地的校友，与一些优秀的考生进行面对面的交流。汤玫捷就是哈佛委托的中国面试官之一。在她看来，哈佛大学是一个多元化的学校，因此一些综合素质出众、个性十足的学生往往能够打动她。

在对中国考生进行面试的时候，汤玫捷也会被问到："您当年是如何迈进哈佛的呢？"其实，汤玫捷的学习成绩并不突出，在当年就读的复旦附中四百名学生中，成绩排在一百名以外，可是哈佛大学为何偏偏就选择了她呢？

这可能和汤玫捷的社会经历，以及无与伦比的沟通和领导能力有关。

汤玫捷拥有过人的领袖才能！在上小学的时候，她就曾担任上海电视台少儿频道的摄影记者，初中时开始创办自己的网站，高中时获得了包括上海高中生辩论赛最佳辩手在内的多个荣誉。

从初中开始，只要学校有文艺演出，汤玫捷都是最佳主持人的不二人选，这主要是缘于她超强的口才和表达能力。不过，在老师同学们的一再推荐下，她却将主持的机会让给了别的同学，自己退而去做繁琐的后勤工作。就这样，汤玫捷变成了班上的领袖人物，她就像一块磁铁一样凝聚并且影响着身边的同学。

所以，汤玫捷打动哈佛大学的，并非她的学习成绩，而是她过人的综合素质以及无限的发展潜能。用当年哈佛大学招生办负责人的话来说，哈佛选择汤玫捷的原因主要有三点：第一是她拥有较好的学术功底和严谨的学习态度，第二是她拥有超强的社会实践能力和人际交往能力，第三是考官们被她的勇敢真诚、热情幽默深深地打动了。

哈佛大学有自己独特的眼光，她不会欢迎那些只会死读书的“书呆子”，而更喜欢那些注重实践、品学兼优的学子。哈佛大学也看重成绩，但是成绩不是唯一标准。这样不拘一格的选拔方式，让哈佛拥有了各种各样的优秀人才。

从数学“蠢材”到音乐天才，从热心公益慈善到获取奥林匹克金奖……哈佛学子都拥有无比鲜明的个性以及常人无法企及的优秀特质。

在哈佛大学，招生不会以分数作为唯一的评定标准。青少年朋友可能并不知道，在哈佛大学招收新生的过程中，大概有三分之二的“状元”学生会被拒之门外。究其原因，多半是由于他们除了“高不可攀”的学习成绩外，几乎没有什么拿得出手的“技能”。哈佛选拔的是符合社会需要的人才，他们评定一个学生是否真的优秀，是否真的具有才能，不会一味地看学习成绩。因为在哈佛看来，分数高的学生不一定各方面能力优秀，不一定是能满足时代发展需要的人才。这并不难理解，就像现在许多有眼光的大公司一样，他们宁愿选择一位优秀的本科毕业生，也不会选择一位高分低能的博士生。

以汤玫捷当年的成绩，要想进入北大清华几乎是不可能的，可是她却成功地进入了哈佛大学深造。有人认为，这是对中国教育的讽刺；也有人在思考，这是不是进军世界名校的一种捷径呢？在一个公开场合，汤玫捷表示：“进军世界名校，没有捷径可走！”

在汤玫捷看来，她所取得的成就仍然是中国教育的功劳，哈佛大学只是为她提供了一个表演的舞台，让她有机会将中国学校、家庭和自我教育中所积累的东西展现在众人面前。

汤玫捷究竟是如何迈进哈佛校门的？她很坚定地告诉大家：“如果要问我成功进入哈佛大学的要素，我的答案是：多年来的努力加上善良的老师和同学加上上天成全我的一个个机遇。”

◎哈佛图书馆

《通往奴役之路》是英国经济学家弗里德利希•冯•哈耶克的代表作，也是一本古典自由主义经济学的经典名著，在哈耶克的学术生涯中占有重要的地位。哈耶克在这本书中论证道，当时正在计划中的福利国家不是为个人自由的战斗在和平时期的继续，倒是朝着专制的方向迈出了一步。因此，他认为追求计划经济，其无意识后果必然是极权主义。本书适合对政治经济学感兴趣的同学阅读。

◎哈佛考考你

思维题：如果1000克苹果价值2.4元，柚子的价格比苹果贵一倍，如果两个柚子的重量等于5个每个重100克的苹果，那么3.6元能买多少个柚子？

A：3

B：4

C：6

D：10

答案：A。因为两个柚子重500克，即1个柚子重250克，由题意可知，1000克柚子的价格为4.8元，所以250克柚子为1.2元，即1个柚子1.2元，所以3.6元可买3个柚子。

9 “输”在起跑线上的男孩如何考进哈佛

在世界500强企业联想集团内部，有一个人的名字与哈佛息息相关，那就是于智博。他曾经被媒体喻为“输在起跑线上的哈佛男孩”——小学留级，中学成绩倒数；9岁的时候父母离异，从小和爷爷奶奶一起生活；16岁的时候，有机会赴美国留学，从美国一所普通高中脱颖而出，顺利进入世界一流学府哈佛大学……

这个“输”在起跑线上的男孩是如何实现人生逆转，成功迈入世界顶尖学府的呢?

1982年，于智博出生在一个普通的家庭，小时候的他特别顽皮。上小学时，他对跑步和打球产生了深厚的兴趣，学习成绩落于人后，常常都是班级倒数几名。

9岁的时候，于智博的父母离异了，他也被迫从上海转学到成都，和爷爷奶奶一同生活。由于转学考试没有及格，原本应该读四年级的于智博只能留级读三年级，而且为了能在那所小学读书，他的奶奶和爸爸还多次拜访了校方。

上中学的时候，于智博除了体育较好外，数、理、化的成绩惨不忍睹。为了把学习成绩提上去，父母还请了学校里最好的老师为他补课。就算这样，到了期末考试的时候，他的综合成绩也只是排在全班倒数第三，而数理化的成绩则是降到了年级倒数第一。

在于智博16岁那年，一家留学机构到成都招收留学生，当时他还在读高中。经过一家人的商量之后，于智博终于有了出国留学的机会。然而，到了美国之后，他才知道一切并不像自己想象中的那样美好。

他以为自己留学的地方，一定像纽约一样到处都是林立的高楼，可是见到的却是一个只有350人的小镇。这个小镇上只有一所学校、一家商店、一家邮局和两家餐厅，甚至大街上连红绿灯都没有。于智博被眼前的一切惊呆了，现实的反差让他的情绪降到了极点。

不过，最后他还是安心地待了下来，并且很快找到了自己的人生航向!

于智博没有想到，在这所普通的美国高中里，曾经最让他头疼的数理化居然成了他的最优科目！原来，在美国高中三年级学习的数理化内容，他早在国内初三的时候就学过了。这给他带来了前所未有的自信心和成就感，也让他的学习成绩突飞猛进。

在美国留学一年后，于智博开始面对报考大学的难题。由于他的学习成绩并不是特别突出，加上名牌大学动辄好几万美元的学费，最后他只能选择一所普通的三流大学——东俄勒冈大学。到了大学二年级的时候，他又开始攻读密歇根州布莱德商学院的供应链专业。

21岁时，于智博获得了布莱德商学院的毕业证书，并且顺利进入世界500强的戴尔电脑公司总部工作，先后担任多个重要的职位。25岁的时候，于智博终于下定决心报考哈佛商学院，不过在经企管理研究生入学考试中，他屡屡挫败，直到第三次才顺利通过，最后再经过一次次的选拔和面试，哈佛商学院终于向他抛出了橄榄枝。

2009年，于智博从哈佛商学院毕业了。刚一毕业，他就去了花旗银行工作。尽管当时他的待遇不是最好的，可是他仍然把握机会在工作中学习更多经济管理的知识。由于工作认真、业绩突出，于智博很快便获得了花旗银行10名“全球领袖计划成员”之一的荣誉。在花旗银行工作几年之后，于智博毅然决定回国发展，出任中国联想集团总裁的高级助理……

如今的于智博正处于事业的巅峰期，他的著作《留学美国三部曲》和《敲开了哈佛商学院大门》也受到了众多读者的青睐。面对如此傲人的成绩，于智博却很淡然地说道：“人生有很多个起跑线，也许我们曾落后于人，可是这并不代表我们将永远落后于人！”

的确，现在有很多家长都在为孩子“输”在起跑线上而担忧不已，可是于智博的故事却明白地告诉我们：一个人所取得的成就与他的过去并没有必然的关系，曾经“输”在起跑线上的人也可以成为人生的赢家！一个人的成就不在于起跑线上的表现，而在于你现在迈出的每一步！正如一位哲人所说：“哪怕我曾经是一只慢吞吞的蜗牛，只要能够一步一步爬上人生的山顶，也能看到雄鹰所看到的美丽景色！”

◎哈佛图书馆

《惠普之道》是惠普公司创始人戴维•帕卡德所写的创立惠普公司的故事，本书文笔通俗简练，前半部分叙述惠普公司的创业经历，后半部分阐释惠普公司的价值观、宗旨与做法。惠普公司是硅谷的纪念碑和常春藤，惠普公司以其健康的绩效、良好的企业环境得到了长足的发展。本书阐释的“惠普之道”被许多卓越的企业所效仿，是所有对创业和企业管理感兴趣的同学的必读书。

◎哈佛考考你

思维题：有一辆完全密封的厢式货车，车厢里装满了鸟。司机在测重的时候担心会超重，于是用钢管敲击车厢，让鸟儿们都飞起来。请问这样做能达到怎样的效果呢?

A：车厢变重了。

B：车厢变轻了。

C：车厢无变化。

答案：B。

赵一苇：被哈佛录取的“90后”女生

在哈佛大学，有一位面貌清秀的90后中国女孩，特别引人注目。这个女孩的名字叫赵一苇。2009年，刚满17岁的她就被哈佛大学录取了。

作为2009年中国地区的幸运儿，赵一苇的托福成绩是116分，学术能力评估测试成绩是2240分，四门大学预修课程的成绩则都是满分。这样优异的成绩成为了赵一苇进入哈佛大学的敲门砖。

当然，赵一苇能够受到哈佛的青睐，除了平时的努力和一点运气以外，也和个人独特的经历有关。

赵一苇从小生活在烟台，父母都是著名学者，从小就受到文化的熏陶。她的父母比较开明，在教养过程中只有大事一起商讨，小事一律由她自己决定。

在赵一苇的家中，随处可见各种藏书，古今中外应有尽有，这也让赵一苇从小就喜欢上了看书。除了四书五经以外，她还喜欢《红楼梦》，现当代小说也有所涉猎。

7岁的时候，赵一苇随父母来到北京，由于她的成绩十分突出，就直接跳了一级。在北京的那段时间，赵一苇除了文化课程以外，还学习了古筝和乒乓球。

14岁的时候，赵一苇有机会同父母旅居美国，在那里的公立中学读了一年书。在美国的一年并不长，赵一苇首先进入语言班学习，一下课就冲进图书馆看书背单词。后来，她又转入了本地班，和当地的学生一起生活、学习。在美国学习期间，赵一苇发现美国教育更注重学生的自主性，比如选课的时候可以根据自己的爱好进行选择，这让她对美国的教育制度产生了深厚的兴趣，也在她小小的心中种下了“留学梦”。

赵一苇知道出国留学需要高昂的费用，因此她给自己制定了全新的目标，那就是一定要拿到全额奖学金再出国留学。由于这个目标的风险特别大，因此她有了两手准备，打算同时备战美国以及国内的高考。

尽管赵一苇有两手准备，可是当她寄出美国学校的申请之后，还是忐忐不安。在艰难的等待中，赵一苇还在准备迎战国内的高考，所以那段日子尤其难熬。

2009年2月，赵一苇接到了来自哈佛的面试通知，面试地点设在北京的中国大饭店。

以前无论哪一场考试，赵一苇都希望父母陪伴在身边，给她壮胆，可是那次面试她却拒绝了父母的陪同，自己一个人去了。

在哈佛的面试中，所有的对话都必须用英文，面试的题目很随性，讨论的问题也很多。由于赵一苇对政治很感兴趣，只要和政治相关的内容，她都会关注。所以在哈佛的面试中，她就和考官大谈中国以及国际上的政治问题，这也深深打动了考官的心。除此之外，赵一苇还谈了自己对金融危机的看法以及自己的人生规划等等。三个多小时的交谈在轻松愉悦的氛围中结束了，哈佛的考官十分赏识这个中国小女孩，并且邀请她一同享用了晚餐。

如今，当赵一苇再次谈起那次面试的感受时，仍旧一脸的轻松，她觉得那次面试更像是一次愉快的聊天，并且告诉那些心怀哈佛梦的青少年朋友，不要把哈佛的面试想得太复杂。

2009年4月1号，也就是愚人节当天，赵一苇收到了哈佛大学的录取通知书。按照惯例，美国哈佛大学录取放榜时间为北京时间4月1日清晨的5点钟。当时，赵一苇刚从睡梦中醒来，当她打开电脑邮件，赫然看到“很高兴通知你”六个字时，终于按捺不住心中的激动，大喊着说：“我被哈佛录取了！我被哈佛录取了！”一边喊，一边想着叫醒“熟睡”的父母，可是他们已经从床上跳起来，然后一家人抱在一起兴奋地大叫。原来，赵一苇的父母早就醒了，他们不想给女儿太大的压力，所以才假装“熟睡”的。

在收到哈佛大学录取通知书后的一个月里，赵一苇的父亲带着她游览了杭州、扬州等古城。父亲的用意很简单，就是希望女儿将来能在哈佛学有所成，让世界更了解中国文化，也更了解中国的风景名胜和人文景观。

一路走来，90后女孩赵一苇经历了太多，可是她用自己的行动告诉青少年朋友：只有经历更多，努力更多，才能收获更多！这也是赵一苇能够进入哈佛大学的原因之一。

◎**哈佛图书馆**

《心理学与生活》是美国心理学家理查德•格里格的代表作，是心理学的入门经典，是美国斯坦福大学多年来使用的教材，也是在美国许多大学里推广使用的经典教材，被美国教育考试服务中心推荐为美国研究生入学考试心理学专项考试的主要参考用书。这本书语言流畅，通俗易懂，深入生活，把心理学理论与知识引入人们的日常生活与工作，使它成为一般人了解心理学与自己的极好的读物。

◎**哈佛考考你**

测测你是哪种类型的人：下面几种花中，你最喜欢哪一种？

A:薰衣草

B:向日葵

C:玫瑰花

答案分析：

A：薰衣草

你心思细腻，喜欢观察和发现新事物。在团体中，你是智者，有很多想法，而且总能提出很好的意见，让人不得不称赞你独特的见解，再加上你很有创造力，执行力也很强，别人无法忽视你的能力。

B:向日葵

你的个性十分乐观开朗，并且非常自信，是一个团体中的领导者。你总能维持整个团体的秩序，也勇于发表意见，团体中有你这样的领导，大家都能很好发挥。

C:玫瑰花

你不喜欢争执，个性随和，是团体中的协调者。你非常喜欢跟大家打交道，也懂得人与人间的相处和沟通。所以，当团对分成两大派，并发生争执或是有不同论点的时候，你总是保持中立的立场以客观的角度去看待事情，并找出最合适的方案。

9 他们眼中的哈佛

哈佛是美国历史上最著名最悠久的高等学府之一，这里不仅拥有世界各个领域出类拔萃的专家学者，还培养出了为数众多的诺贝尔奖得主、普利策奖得主和政界的风云人物。对于广大青少年朋友来说，哈佛大学无疑是他们梦想的求学圣地！

哈佛大学究竟是怎样的？哈佛的教育理念与教学方法如何？可能每个人心中都有不同的答案。

曾经被无数同龄人羡慕的哈佛女孩刘亦婷，如今早已从哈佛的应用数学与经济专业毕业了。在哈佛学习的那几年中，刘亦婷对哈佛又有了全新的认识。在她眼中，哈佛不仅教给她专业技能，还教会她如何去学习更多的知识。

的确，哈佛要求学生在大二以后必须选择一个主修专业，但是其他“附属”专业仍旧是学习的重点。比如学习应用数学与经济专业的刘亦婷，不仅要学习数学、经济学和计算机等专业课程，也要学习人文科学等知识。所以哈佛除了要教给学生专业知识以外，还教给学生学习不同课程、掌握不同知识和解决不同问题的方式方法，让他们有能力自主学习。

正因为如此，哈佛学子在毕业以后才可以进入不同的机构，胜任不同的工作。因为他们已经掌握了不同领域的知识，更掌握了学习不同知识的方式以及解决问题的方法。这就是哈佛大学给予学生们最好的礼物！

其实，哈佛大学汇集了来自世界各地一百多个国家的优秀学子，他们拥有不同的风俗习惯、政治观点和宗教信仰。哈佛为这些优秀的学子提供了一个展示自我的舞台，让他们有机会相互了解、取长补短，在分歧中进行沟通，从而达到和睦共处、共同进步的目的。

哈佛除了给予学生展示自我的舞台，教给学生专业的知识以及获取知识的方式方法，还会给学生足够自由的空间，让他们自主成长。

90后女孩赵一苇就是由于美国中学给予学生自主选课的自由，才对美国的教育有了强烈的认同感，并且产生了留学的念头。赵一苇也是在不断尝试自己感兴趣的新课程中，慢慢地了解到自己真正适合哪些课程，这让她在之后的哈佛求学生涯中，有了更加明确的方向和目标，也让她对于自己真正擅长什么有了更准确的认识。

在赵一苇眼中，哈佛大学给予了学生最大限度的自由，学生可以根据自己的喜好自主选择课程，从事不同的研究。哈佛大学很在意学生的学习热情，对于学生的选择总是给予最大的支持。学校不仅给学生提供研究所需的课题和方向，还会提供最好的信息资源。

既然哈佛大学给学生如此大的自由度，那么他们在自己的专业划分上会不会遇到什么难题呢？答案是否定的，因为包括哈佛大学在内的众多世界名校，学生都不是固定学习某一个专业的课程，学校对学生进行全面的培养，让他们学到更多更广的知识。所以，哈佛给予学生的自由，只是激发他们学习的热情和动力，让他们在自己感兴趣的领域自主学习。

这就是哈佛大学！一个重视学生综合素质，教给学生专业的知识以及获取知识的方式方法，并且给予学生最大自由的世界顶尖学府。只要你心系哈佛，希望有朝一日能够进入自己心目中的求学圣地，那么从现在开始努力吧！

正如那个“输”在起跑线上的哈佛男孩于智博所说的那样：“超前教育把孩子都变成了‘天才’，但这个社会更需要的是人才。我相信，只要你能找到自己的目标，然后像蜗牛一步步地爬，每个人最终都能爬到山顶。”

哈佛大学也在努力突破自己，不断建立更多的奖励基金，不断进行各种学术交流，不断建立完善的评估体制……我们相信，总有一天哈佛人会实现自我的超越！

◎哈佛图书馆

《如何阅读一本书》是美国作家莫提默•艾德勒及查尔斯•范多伦共同完成的作品。你会阅读吗？莫提默•艾德勒告诉你，阅读并非那么简单。不懂阅读的人，初探阅读的人，读这本书可以少走冤枉路。对阅读有所体会的人，读这本书可以有更深的印证和领悟。本书介绍了阅读的三个层次，对每个层次都进行了细致的指导，是一本非常实用的读书手册。

◎哈佛考考你

思维题：如果你给一个财主打工七天，他给的报酬是一串相连的金环，共有七个金环，一天只允许你领取一个，但他允许你弄断两根金环，你该怎么办？

答案：第一天弄断一串金环的第一个，作为报酬。第二天将金环弄断成两个和四个相连，归还第一个，拿走两个金环。第三天拿回第一天弄断的第一个，第四天归还手中的三个，拿回剩下的四个金环。以此类推，拿回七个金环。

第二章

有梦想的心，才能够飞得更高

哈佛校长开学典礼上的忠告：我为谁而读书

劳伦斯•H. 萨穆斯校长在一次开学典礼上对哈佛的学子说："哈佛人每天醒来的第一件事应该是问自己一个相同的问题：我为什么学习，我在为谁而读书？这个问题看似简单，实际上非常重要。如果一个人没有良好的学习动机，不明白做事的目的，就很难产生强大的内驱力。所以，不解决为什么学习的问题，看不到学习的必要性，就永远也不会拥有学习的动力。"

同时他又跟大家分享了他上中学的小外孙吉文的故事：

暑假里，吉文和一群小伙伴一起到郊外玩，正当他们玩得很开心的时候，突然有一个女孩儿哭了起来，说是必须赶紧回家。

女孩儿着急地说："天哪！我竟忘了看时间，今天的功课我还没有做。"

"现在是假期，怎么还有功课？"伙伴们问她。

"是我妈妈让我做的，如果没有按时做完，她会揍我的。"那个小女孩哭丧着脸说。

你是否也曾像这个小女孩一样，不管走到哪里，做什么，都会觉得读书、学习的负担像影子一样时刻伴随着自己，觉得自己是为了父母、老师而学。但是我们读书真的是为了满足父母的攀比欲，为了在老师那儿有个好评价吗？有时候，父母逼迫我们学习，虽然有些不近人情，但你是否真的知道自己为了谁而读书？

随后，哈佛大学校长劳伦斯•H. 萨穆斯教授又跟同学们分享了他的朋友桑德尔为自己而读书的故事：

在意大利西西里岛上的一个采石场中的小村庄里，有个家庭条件贫寒。因为这个家里有10个兄弟姐妹，不到12岁桑德尔便到采石场干活了。

桑德尔却不甘心自己的命运就是如此。他经常会利用一些闲暇时间阅读有关西西里岛的历史和地理的书籍，并听老人们讲述岛屿的变迁。从书上，他看到了岛屿与外面世界的差距，于是在16岁那年，他沿着山谷顺流而下，一直来到海边，随后跟着一艘货船来到了美国。

在美国，当遇到困难时，有多少次他曾想踏上回家的道路，听一听牧羊人那熟悉友好的声音。但是，他每想到这里就更加坚定地意识到自己应该通过学习来改变命运。

22岁那年，他凭借着自己的努力，获得了自己梦寐以求的证书——一张石匠工会卡。不久他便被选去在林肯的纪念碑上，雕刻林肯在葛底斯堡的演讲词。在雕刻林肯的演讲词时，他深深地被林肯的人生经历打动。他想：林肯这个生活艰辛，而最后靠着学习改变命运的人，早年生活几乎跟自己一样，但是后来却当上了律师，最后竟又当上了总统。那么自己是不是也会有功成名就的一天呢？

一天吃午饭时，桑德尔坐在高高的脚手架上，望着巨大的林肯雕像，这位来自西西里岛山区的小石匠突然做出了一项决定：桑德尔能够成为一个更有用的人，他要当律师。他在一块木板上写道“桑德尔”，在他的名字下面又写道“桑德尔学法律”。那天晚上，他把那块板子带下了脚手架。他的朋友都笑话他：“你是林肯第二吧？桑德尔，你看雕像看呆了。”

桑德尔过去只在西西里岛的一所乡村小学读过五年级，想在华盛顿大学国家法律中心学习，简直是痴心妄想，何况他还要在脚手架上连续工作10小时。但是他并没有退缩，一下班就去夜校补习英文，他的帆布兜里时刻都有凿子、锤子、午饭和课本。他常常匆匆忙忙地吃过午饭便抓紧时间读书，甚至有时候一手拿着书，一手拿着两片玉米饼，中间夹着一块咸猪肉坐在木头上边吃边学习。

终于功夫不负有心人，桑德尔考入了法律学校。但是，因为第二次世界大战爆发，他只得离开美国去同法西斯作战。回国后，他在很短的时间里连续获得了一个法学学士和一个法学硕士的学位。后来，他一直在纽约和华盛顿担任律师，工作非常出色。

劳伦斯•H. 萨穆斯校长说，他和桑德尔是在一次聚会中认识的，他们虽然年龄差距很大，但却是无话不谈的好朋友。劳伦斯•H. 萨穆斯校长问他，读书、学习时难道就没有觉得累吗？他说：“那不可能，因为每个人都必须自己去发现动力，并自己为动力确定具体的含义。”确实，桑德尔说的一点都没有错。当我们知道在学习的时候，明白自己为谁而读书，为什么而读书的时候，我们就会有一种向前的驱动力，从而让我们在学习中不断克服各种困难，等到像桑德尔一样拥有成就时，就会觉得学习是一种乐趣。

◎哈佛图书馆

《圣经》又称《新旧约全书》，是基督教的经典。《圣经》记载了古代中东乃至南欧一带的民族、社会、政治、军事等多方面的情况和风土人情，其中的哲学和神学观念随着基督教的广泛传播，为世界尤其是西方社会的发展、意识形态和文化习俗带来了巨大影响。

◎哈佛考考你

请你简单做一下自我介绍。

提示：这是哈佛面试的最常见题目，你可以说一些经历和自己的能力，尽量让你的表达生动而精彩。

十年后，你想成为什么样的人？你如何成为自己想成为的人？

十年后，你会成为什么样的人

“十年之后，我是谁？我能成为什么样的人？”你曾问过自己这样的问题吗？如果你曾这样问过自己，而又将这样一个十年的目标记在心里，并一天天地朝着这个目标去努力，那么即便你过去不那么自信，甚至是被所有人看不起，抑或是现在身处逆境，十年后的今天，你将成为一个奇迹！

十年前，可能没有人相信没有手、没有脚的尼克•胡哲能成为超级演说家；十年前，可能更没有人相信一个精神接近崩溃，甚至萌生过自杀念头的单身妈妈——凯瑟琳•罗琳能写就风靡全球的《哈利波特》，成为世界上最富有的作家。但是十年后，他们通过十年前最初的梦想，成为了业界响当当的人物。

台湾著名作家刘墉在写给儿子的一封信——《哈佛梦想》中就曾写过这样一段话，他给自己的儿子这样写道：

你知道我小时候听过的第一所美国大学是哪个吗？

是哈佛！

高中时，从百科全书上，我知道哈佛的历史远比美国长，早在六十年代，哈佛已经为美国培育了六位总统。我最崇拜的文学家、诗人，如艾略特、亚当斯、梭罗和爱默生，都是哈佛毕业的。

只是当时我连考国内的联考都没有把握，哈佛自然更成为遥不可及的名字。

直到我认识美国驻华大使安克志的儿子安德鲁，想进哈佛的心才又动了起来。因为他对我说，他高中成绩并不极好，但经过口试却被哈佛录取了，当时的口试官说：“我们重视的不是你已经装了多少，而是未来能装多少！”

“我们重视的不是你已经‘装了多少’，而是‘未来能装多少’！”确实，无论你现在是什么样的人，什么身份、什么背景、过去怎么样，这一切都不重要，最重要的是你未来能装下什么，装下多少，想成为什么样的人。这样就等于成功了一半，等于你的前脚已经迈入了哈佛大学的校门！

但光想成为什么样的人是不够的，还得知道如何成为自己想要成为的人。哈佛大学行为问题调查组曾对100名学生进行了一次调查，向每个人提出了同一个问题："十年以后，你希望在什么地方，从事什么工作？"大部分学生都回答说，他们想得到财富、荣誉，希望去经营大公司，或者从事能影响和主宰世界的重要工作。

调查人员对得到的回答并不惊奇，因为学校历来就教育他们要出类拔萃，他们果然如此。引起调查人员注意的是，在这100个接受调查的年轻人中，有10个人不仅决心征服世界，而且将目标清清楚楚写了出来，并说明他们什么时候即将取得何等成就，取得这些成就的理由是什么；而其他人则没有写下来。

十年之后，调查人员发现，原来写过目标和计划的那10名学生拥有的人生财富竟占那其他90名学生总财产的96%。这意味着那10名学生的成功率超过他们的同学整整10倍。所以说，首先我们得清楚，自己的目标是什么，然后就把目标写下来，然后一步一步地接近目标，十年之后，每个人都能遇见一个全新的自己！

这正如格莱恩•布兰德所说："目标和计划是通向快乐与成功的魔法钥匙。有了明确的学习目标和计划，并把它们写下来付诸行动的人，他们将来的成就，是有目标和计划但仅停留在脑子里的人的10至50倍。"那么现在就认真想想自己的目标是什么。十年后，你想成为什么样的人？然后将自己的目标及计划写下来，越具体越好，然后一步步地去接近直至实现你的梦想！

◎哈佛图书馆

《我的大学》是俄国作家高尔基的"人生三部曲"之一，其余两部为《童年》、《在人间》。作品讲诉了十六岁的高尔基满怀着上大学的愿望，来到伏尔加河岸所目睹的一切，并如饥似渴地从书籍中汲取知识养料使他得以成长，从生活底层攀上文化高峰。

◎哈佛考考你

现在你最热爱的是什么？

提示：可以简述你的兴趣，以及这个兴趣给你的个性或能力的影响。

把目标贴到你随处可以见到的地方

1952年7月4日清晨，浓雾弥漫了加利福尼亚海岸。在海岸以西21英里的卡塔林纳岛上，一个43岁的女人正准备一次行动：她打算从从太平洋游到加州海岸。她叫费罗伦丝•查德威克。那天早晨，浓雾弥天，海水更是冻得她身体发麻，她几乎看不到护送她的船。时间慢慢地过去了，一个小时接着一个小时，千千万万的人们都在电视上看着。有好几次，鲨鱼逼近她了，但又被人开枪吓跑了。15小时之后，她非常疲惫，冻得发麻。她觉得自己不能再游了，就招呼人拉她上船。她的母亲和教练就在不远处的另一条船上。他们都向她呼喊，说海岸已经很近了，鼓励她不要放弃。但她朝加州海岸望去，只有浓雾弥漫在她的眼前……

最终，人们拉她上船的地点，离她的目的地加州海岸只有半英里了！后来她说，令她半途而废的既不是疲劳，也不是寒冷，而是因为在浓雾中，她始终看不到目标。看不到目标就没有希望了。是不是你也曾有过这样的感觉呢？如果随时都能看到自己的目标，情况就不一样了：工作会更有劲头，努力会更有方向。

为什么许多成功人士都会在自己办公室的墙上或是办公桌的显要位置放上座右铭、先祖的训示、尊敬人物的画像之类的东西？并不是因为这些东西可以冲冲门面、摆摆气派，而是为了让自己随时都能看到，这样每次看到一次时，就可以再一次提醒自己。这也就是所谓的座右铭效应。

公园里，有位老爷爷邀请三个小男孩在雪地上玩一个游戏：“我稍后会站在雪地的那一边，等我发出信号后，你们就开始向着我跑。等你们跑过来后，我会检查，谁留在雪地上的脚印最直，谁就是这场比赛的胜利者，就可以拿到我手中的棒棒糖。”

第一个小男孩从迈出的第一步开始，眼睛就紧紧地盯着自己的双脚，来保证自己的脚印更直。第二个小男孩一直在东瞧西看，观察同伴是怎么做的。而第三个小男孩最终赢得了这场比赛并拿到了棒棒糖，因为他的眼睛一直盯着站在对面的那个老爷爷，更确切地说，是一直盯着他手中拿着的棒棒糖。只有永远盯着目标的人，才会少走弯路，最终取得成功。

哈佛大学的心理学家也发现，青少年如果将自己的学习或者生活目标贴在自己可以随时看到的地方，这些目标就会始终激励你，起到正面引导的作用。甚至有时候，你并没有为这个目标特别努力什么，但只要你随时可以看到它，它就会使你维持对这个目标的持续关注。持续关注其实相当重要。

比如，你在你的手机背景画面上输入你现阶段的工作目标，当你拿起手机准备打电话时、接听电话时或是发短信息时，你都可以看到自己的目标。与此同时，你会不自觉地确认一下："与手机背景画面上的目标比较，我还有多大差距，我是不是在努力地向着目标前进呢？还是我已经把它忘记了，去做别的与它没有什么关系的琐事了？"如果你觉得自己在前进，就可以好好鼓励自己一下；如果你觉得自己停滞不前，那么你就该好好反省了："到底哪里做得不够，我一定要把自己拉回到正路上来！"

如果时常有这种确认和反思的过程，你的目标就会在你的潜意识里形成鲜明的印象，你也会因为决心坚定而订出具体实施的计划。当你的计划在按部就班地实行的过程当中，你也可以时常看看目标，分析执行的进度，找出执行当中的失误，及时地修正原有的方案。

因此，你的目标必须清晰地写在你随处可以看见的地方，以便自己随时确认。如果只是写在笔记本上或者日记本里，或者你将一整套的工作目标都输入电脑里保存起来，这样都无法使你经常看到你的目标，又何谈时常确认和反思呢？有句话说得好：距离你的眼睛多远，距离你的心就有多远。目标必须经常接触到你的眼睛，才会时常敲打你的内心。

◎哈佛图书馆

《巴黎圣母院》是法国伟大的浪漫主义文学家维克多•雨果（1802—1885年）的代表作。本书以1482年的法国为背景，以吉普赛姑娘爱丝梅拉达与年轻英俊的卫队长，道貌岸然的副主教以及畸形、丑陋的敲钟人之间的关系为主线，热情讴歌了吉普赛姑娘与敲钟人高贵的人性，深刻鞭挞了卫队长与副主教的虚伪与卑下。小说体现了雨果的"美丑对照"的艺术表现原则，它的发表，打破了伪古典主义的桎梏，标志着浪漫主义的彻底胜利。

◎**哈佛考考你**

作为被面试者，请给你自己打一下分。

提示：试着列举出4个优点和1个很小很小的缺点。

定位：哈佛人皆因定位而与众不同

每个人身边都有这样的事实：大家条件相差无几，但每个人的成长有着天壤之别。为什么会这样呢?

你未来将获得怎样的人生，与你年轻时对自己的人生定位息息相关。哈佛大学研究发现，对12—18岁的青少年而言，如果拥有明确而卓越的人生定位，一定会让他们的成长更出彩。所以定位人生，或许就是哈佛学子与众不同的原因。

1973年，美国利物浦市一位叫科莱特的年轻人，考入了美国哈佛大学，经常和他一起去上课的，同样是一位18岁的美国小伙子。

大学二年级的时候，这个小伙子跟科莱特说，咱们一起退学，去开发32Bit财务软件，因为新编教科书中，已解决了进位制路径转换的问题。

但是，科莱特却非常惊讶地说：我们来这是求学的，不是来闹着玩的。再说对Bit系统，默尔斯博士才教了点皮毛，要开发32Bit财务软件，不学完大学的全部课程是不可能的。

而这位小伙却说，求学完后，我们又去做什么呢？科莱特说，不知道，但是现阶段就是求学，而不是去瞎玩。所以他委婉地拒绝了那位小伙子的邀请。

10年后，科莱特成为哈佛大学计算机系Bit方面的博士研究生；那位退学的小伙子也是在这一年，进入美国《福布斯》杂志亿万富豪排行榜。1992年，科莱特继续攻读，拿到博士学位；那位美国小伙子的个人资产，在这一年则仅次于华尔街大亨巴菲特，达到65亿美元，成为美国第二富豪。

1995年，科莱特认为自己已具备了足够的学识，可以研究和开发32Bit财务软件了；而那位小伙子则已绕过Bit系统，开发出Eip财务软件。它比Bit快1500倍，并且在两周内占领了全球市场，这一年他成了世界首富，一个代表着成功和财富的名字——比尔•盖茨也随之传遍全球的每一个角落。

这个故事并不是告诉我们不应该学习，应该跟比尔•盖茨一样选择退学去创业；而是告诉我们，在学校的时候应该给自己一个清晰的定位，知道自己为什么而读书，知道自己未来能做什么，然后直接对准了目标，不断地充实自己!

那么我们该如何定位呢?

首先要做的就是深刻认识自我，立足现实，扬长避短，从自身实际出发，做到知己知彼。古语说:“骏马能历险，犁田不如牛;坚车能载重，渡河不如舟。”人各有志，贵在适合自己，关键是能够选择有自己特色的实现途径。不邯郸学步，不东施效颦，而有自己真正崇尚的行事方式;不刻舟求剑，不缘木求鱼，真正把握客观规律。

中国著名心理学家岳晓东博士，在哈佛大学深造时，就曾无数次问自己需要什么。

他很早就明白两件事情:第一件事情，大学里两种人最多，一种是闲到没事干，最后什么都无所谓，这是很可怕的状态;另一种人感觉每天都很忙，忙不完的学生会、社团工作，忙不完的学业，忙不完的约会，这是另一种极端。殊不知，有所取舍才是成功人士的主要能力之一，时间分配和管理能力贯穿其中。第二件事情，专业课是武器，英语是座驾。只有武器的步兵打不过骑兵，只有座驾没有武器的士兵杀不了敌，最后只能开着座驾漫无目的地跑。因此，专业课和英语是大学必须学好的两门课程。所以在他从大学出来以后，很快就靠着自己在学校完成的目标，成功地走上了社会的第一步。

如今在学校的你，是否也曾问过自己，自己的定位是什么?目标是什么?如果还没有也没有关系，目标需要先慢慢认识了自己，根据自己的兴趣、爱好去制定。正如莎士比亚说过的:“世界是一个大舞台，每个人都在这个舞台上演好自己的角色。”无舵之舟永远到达不了任何港口，人不能像失去方向的船只在人生的海洋漂流。所以想要获得成功，就必须明确为自己扮演的角色定位，认清自己的目标，才能在人生舞台上淋漓尽致地演出。

◎哈佛图书馆

《浮士德》是歌德的代表作，它根据16世纪一民间传说创作而成，是歌德倾注了毕生心血完成的鸿篇巨制。它描写主人公浮士德一生探求真理的痛苦经历，反映从文艺复兴到19世纪初整个欧洲的历史，揭示了光明与黑暗，进步与落后，科学与迷信两种势力的不断斗争。歌德借助浮士德的抱负和追求，表达了他本人对人类未来的远大而美好的憧憬。

◎**哈佛考考你**

描述一下你的学习态度及你的学术成就。

提示：面试官问这个问题究竟想了解什么呢？当然是你的专业兴趣、专业能力和学习的基本素质、学习内容的结构特点。而且，你的专业基础如何，是否具有发展潜力，也会得到相应的考察。这道题可不容小觑，它是哈佛面试成绩的重要依据！是不是通过这道题，你也应该着手找准人生的定位了呢？

选择，听从自己内心的声音

每个人在做出选择之前，心中都有一把标尺。但很多时候这把标尺不一定是自己的，而是别人的。我们在选择的时候，比如我们去做某一件事，完全不是出自于自己的意愿，有可能是因为老师的喜好、家长的喜好而去做！

哈佛大学教授曾说："最重要的，拥有跟随内心与直觉的勇气，你的内心与直觉多少已经知道你真正想要成为什么样的人。"所以，要听从自己内心的声音，去做自己想做的事。

1998年11月25日，迪斯尼与乔布斯麾下的皮克斯合作的第二部电脑动画长片《虫虫危机》上映，前后共有1.63亿美元进账，击败了工厂同期推出的梦《蚂蚁雄兵》，成为当年动画长片票房冠军。

这部影片讲述了这样一个故事：在一个美丽的蚂蚁王国，大家整日都在辛苦地工作。而有一只名叫飞力的蚂蚁不老实工作，总是喜欢搞发明创造。他发明了一种"收割机"，但得不到大家的肯定，蚁后和公主也看不起他和他的发明。蚂蚁王国有一个最大的威胁——一群蝗虫，它们强迫蚂蚁们给他们进贡粮食，在一次蝗虫来进行掠夺时，飞力为了保护他的发明把粮食碰到了悬崖下。蝗虫霸王威胁说，如果他下次来得不到双倍的粮食将血洗蚂蚁王国。蚂蚁们都怪罪于飞力，决定驱逐飞力。为了留在自己的祖国，飞力提出了一项建议：他将去找比蝗虫更大的虫子来赶走蝗虫。

飞力来到了城市，在这里他看到了一群昆虫打败了一群无赖的挑衅，这使得飞力认为他们就是能够打败蝗虫的"大虫子"。实际上这群昆虫是一群失业的马戏团演员，有甲虫、螳螂、蜘蛛等。他们正在找事做，于是他们隐瞒了自己的身份，接受了飞力的邀请，来到了蚂蚁王国。

蚂蚁们并不十分相信这些模样古怪的昆虫，并且昆虫们自己也有些害怕，准备离开这里。得知昆虫们的真实身份后飞力很失望，但他极力阻止昆虫们离开，因为这样会让蚂蚁们认为他是个大骗子。后来昆虫智斗小鸟，救出了飞力和小不点，得到了蚂蚁们的好感，昆虫们也找回了自信心。飞力受到了小鸟的启发，决定做一支假鸟来吓退蝗虫。

谁知这时马戏团的老板来找他的昆虫演员了。蚂蚁们这才得知昆虫们是马戏团的演员，顿时失望万分。蚂蚁王国驱逐了飞力和昆虫们。此时气势汹汹的蝗虫军团来了。在小不点的劝说下，飞力和昆虫们决定一起迎战蝗虫。假鸟一开始成功地吓住了蝗虫的进攻，但狡猾的蝗虫霸王识破了飞力的假鸟，准备一举摧毁蚂蚁王国。然而此时，一只真鸟突然从天而降，而霸王以为这还是飞力的诡计，毫不退让，于是成了鸟儿的美食。又是一个春天来到了，公主当上了蚁后，飞力也受到了嘉奖。而昆虫们，又回到了城市进行马戏表演。一个完美的结局。

有人戏称这是乔布斯传奇的动画版，毕竟这个故事与乔布斯的经历有着太多相似的地方。确实，17岁那年，乔布斯考入里德大学，但在一个学期后，他退学了，但是他选择留在大学旁听自己感兴趣的课程。很明显，乔布斯所选择的是自己所爱的课程，他不想被那些在别人看来必须上不是自己喜欢的课程所缠绕，他所做的是听从自己的内心，跟随自己的兴趣向前。

对于这段经历乔布斯也曾这样回忆说：“我当时非常的害怕，但是现在回头看看，那的确是我有生以来做出的最棒的决定之一。我终于可以不必去选读那些令我提不起丝毫兴趣的课程了，我还可以去旁听那些有意思的课程。”尽管在退学后，乔布斯吃尽苦头，他感受到了巨大的生活压力，但是，能跟随自己的心前进，这依然让乔布斯兴奋不已。

所以我们在作出人生的选择时，别再为外在的事情所左右，而不关注自己内心真正想要的是什么。如果把自己的生活过多地建立在别人的眼光中，那么将会为别人而活。而人活着不是为别人，更多的是为自己。

正如乔布斯告诫我们所说：“你的时间有限，所以不要为别人而活，不要被教条所限，不要活在别人的观念里。不要让别人的意见左右自己内心的声音。最重要的是，勇敢地去追随自己的心灵和直觉，只有自己的心灵和直觉才知道你自己的真实想法，其他一切都是次要的。”

那么你现在是否应该听自己内心的声音，做你想做的事，从生活的沼泽地中走出来，真实地面对自己，找准自己的人生定位呢？

◎**哈佛图书馆**

《老人与海》是现代美国小说作家海明威创作于1952年的一部中篇小说，也是作者生前发表的最后一部小说。它讲述了古巴老渔夫圣地亚哥在连续八十四天没捕到鱼的情况下，终于独自钓上了一条大马林鱼，但这鱼实在太大，把他的小船在海上拖了三天才精疲力尽，被他杀死后绑在小船的一边，在归程中一再遭到鲨鱼的袭击，最后回港时只剩下鱼头鱼尾和一条脊骨。

◎**哈佛考考你**

进入哈佛后，你的下一步计划是什么？

提示：回答尽量往自己的人生定位上靠，说自己想成为什么样的人，然后通过下一步的计划去完成自己的目标。

第三章

I believe, I can:自信让你大放异彩

其实每个人都是一块金子

一位在哈佛任教的朋友说："如果认真观察哈佛的学生，会很容易发现他们身上都有一个很大的优点，那就是自信！他们认为每个人都是一块金子，每一个活在这个世界上的人都是独一无二的，每一个人都是有价值的，其价值也都不会比任何人低。"其实也正是这样的自信，让他们能在万千学子中脱颖而出，迈进哈佛的大门，进而在毕业后，又能成为行业的佼佼者。

约翰•菲茨杰拉德•肯尼迪毕业于哈佛大学，作为美国第35任总统，他不仅年轻英俊，而且极富个人魅力，言谈举止风趣有活力，即使在局势动乱的年头也给美国民众带来了极大的希望和勇气。人们称他是美国历史上最有魅力的总统。肯尼迪曾对家族中另一位成员说过这么一句幽默的话："在我看来，我除了当总统，别的什么也干不了！"这正是肯尼迪王者一样的自信的体现。

而作为梦想迈进哈佛大学的你，难道不应该有像肯尼迪这样的自信吗？难道不应该树立信心，相信自己是一块金子，不断努力吗？

著名的画家达•芬奇，他在出名之前，是一个毫不起眼的小人物，所以没有人看得起他的作品，怀才不遇的他人生很是坎坷。当达•芬奇已经30多岁的时候，他才好不容易找到机会投奔到米兰的一位公爵门下。刚开始公爵却不让达•芬奇为自己画画，就因为他是一个毫无名气的画家。

过了几年后，在达•芬奇的苦苦哀求下，公爵终于答应让他给圣玛丽亚修道院的一个饭厅画装饰画。

然而，这种在饭厅画装饰画的活，只要一个普通的工匠就完全可以胜任了，以达•芬奇的绘画才能，这根本就是大材小用。对于达•芬奇来说，这虽然是一件很简单的事，但他还是投入了自己所有的精力，尽心尽力地去进行创作。这幅壁画就是后来举世闻名的作品——《最后的晚餐》。

可见，只要我们自己不断努力，不管现在所做的事情多么渺小，都竭尽全力地去做，就能实现自己的价值。达•芬奇就是这样才创作出了人类艺术的珍品。

哈佛大学教授曾说过："每个人都可以是完美的，只要肯去掉缺点和瑕疵。每个人都是一块金子，总能被挖掘发出光芒。"所以说，我们每个人本身就是一块金子，也永远不会丧失自己的独特价值。当我们认识到自己的价值时，就应该展现出来。

一位富人雇了个仆人，这个仆人每天为主人到几里外的井中打水。仆人用的是两只水桶，其中一只水桶完美无缺，另一只水桶却有条小裂缝，因此每次即使仆人把两只水桶都盛满水，回到家也只能得到一桶半的水。

一天，那个有裂缝的桶闷闷不乐地对仆人说："我感到非常过意不去，因为每天你打的水从我的身上漏掉了一半，结果你总是受到主人责备，我这样没有用，你为什么还要用我呢？"于是，仆人在下一次挑水的时候，请有裂缝的桶去看路边，原来在路边上长满了漂亮的鲜花，从裂缝中漏出去的水浇灌出一条鲜花小径。因此，仆人时不时都会采些鲜花去点缀一下主人的房间，这让主人十分高兴。

后来，仆人告诉水桶："正是因为你漏水，我才在路旁撒下些花种，这些花种在泉水的滋润下，便在路旁长满了美丽的鲜花。"

很多人常常像那只漏水的桶一样，对自己的价值产生怀疑。但无论发生什么，或将要发生什么，你永远不会丧失自己的价值。其实，每个人都有其独特的价值，你的价值不需要别人来评价，也不要因为眼前的一点失误而否定自己。所以，无论何时，都不要小看自己，你始终要坚信自己本来就是一块金子。只要我们把握每一次机会，做好每一件小事，就会展现出自己的价值，显露出自己的光芒。

◎哈佛图书馆

《物种起源》是达尔文论述生物进化的重要著作，该书是19世纪最具争议的著作，也是影响世界历史进程的经典著作。在该书中，达尔文首次提出了进化论的观点，他使用自己在十九世纪三十年代环球科学考察中积累的资料，试图证明物种的演化是通过自然选择（天择）和人工选择（人择）的方式实现的。为进化论提供了证据，对进化论发生过程做了详细解释。

◎哈佛考考你

你最喜欢哪本书，最喜欢哪位作者，最欣赏哪一部电影或电视剧？为什么？

除了你自己，没人能否定你

在一次讨论会上，主持会议的哈佛大学教授威廉，没讲一句开场白，手里却高举着一张20美元的钞票。面对会议室里的200位哈佛学子，他问："谁要这20美元？"一只只手举了起来。

威廉教授接着说："我打算把这20美元送给你们中的一位，但在这之前，请准许我做一件事。"他说着将钞票揉成一团，然后说："谁还要？"仍有人举手。

威廉又说："那么假如我这样做又会怎样呢？"他把钞票扔在地上，又踩上一脚，并且用脚碾它。然后他拾起钞票，钞票已变得又脏又皱。"现在谁还要？"还是有人举手。

"同学们，你们已经上了一堂很有意义的课。无论我如何对待这张钞票，你们还是想要它，因为它并没有贬值，它依旧值20美元。"

在人生道路上，我们会无数次被逆境击倒、欺凌甚至被碾得粉身碎骨。我们觉得自己似乎一文不值，但无论发生什么，或将要发生什么，在价值眼中，你们永远不会贬值。所以除了你们自己，没有人能否定你的价值——永远不要忘记这一点！

哈佛大学拉德克利夫女子学院的海伦•凯勒说："对于凌驾于命运之上的人来说，信心是命运的主宰。"自信是一种心境，有信心的人不会消极沮丧。每次碰到问题，都会把问题当成人生中的挑战，一次给自己修炼能力的机会，一次给自己提升的转机。你确定要去完成的事情，就没有人能够否定你，最重要的是你不能否定自己。

人们常说，"有长必有短，有明必有暗"，每一个事物、每一个人都有其优势，都有存在的价值。一个人如果陷入了自卑的泥潭，他能找到一万个理由说自己为何不如别人，比如：我个矮、我长得黑、我眼睛小、我不苗条、我嘴大、我有口音、我汗毛太多、我父母没地位、我学历太低、我职务不高、我受过处分、我有病等等。由于自卑而焦虑，于是注意力分散了，从而破坏了自己的成功，导致失败，这就是自卑者自己制造的恶性循环。其实，人人都有自卑的一面，而在通往成功的路上，只有战胜自卑，才能成为一个自信的成功者。

有个女孩儿有一副美丽动听的歌喉，却长着一口龅牙，她在人前唱歌的时候总会因为龅牙而自卑。有一次，她参加歌唱比赛。上台后，她只顾掩饰难看的牙齿，自然没有唱好，反而让观众和评委感到好笑，结果她失败了。但是有位评委认为她的音乐潜质极佳，便到后台找她，很认真地告诉她："你肯定能成功，但必须忘掉你的牙齿。"

在"伯乐"的鼓励和帮助下，女孩儿慢慢地走出了龅牙的阴影。后来，她在一次全国性大赛中，以极富个性化的表演和歌唱倾倒了观众和评委，脱颖而出。

她就是卡丝•黛莉，美国一位著名的歌唱家。她的龅牙同她的名字一样有名，歌迷们还说她的牙很漂亮呢！

哈佛大学的教授总是教导学生，要学会展示你的自信，知道如何用自信打扮自己的人才懂得如何经营自己的人生。人生最大的失败是被自己打败，如果你自己不承认失败，不否定自己，那就永远没有失败。

在竞争相对激烈的现代社会里，对自己的怀疑、对未来的胆怯是社会上很常见的现象。有很多青年由于怀疑自己能力不行，而放弃去找一个好的工作。其实，这就是一种不自信，一种退缩。无论竞争多么激烈，形势多么严峻，永远也不要否定自己，不要怀疑自己。一个人的潜能是巨大的，这种潜能在遇到坎坷时，可能会被发挥到极致，只要自己有足够的信心，胜利就会属于你。

◎哈佛图书馆

《君主论》是意大利思想家马基雅维利的代表作，一直被奉为欧洲历代君主的案头之书，政治家的最高指南，统治阶级巩固其统治的治国原则，人类有史以来对政治斗争技巧最独到最精辟的解剖。自1532年开始印行，迄今近500年，从西方到东方，在政界、宗教界、学术等领域引起巨大的反响，被西方评论界列为和《圣经》、《资本论》等相提并论的影响人类历史的十部著作之一。

◎**哈佛考考你**

毕业以后你想做什么？

很多学生对毕业以后做什么是完全没有想法的，这没有关系，但是假如你确实不知道你以后的职业目标是什么，你也可以提到一些大概涉及的范畴，在面试的时候可以有所侧重地说出来。

____

____

____

Look at me：永远都要坐在第一排

哈佛大学教授罗杰•博特应邀来中国某大学做演讲，演讲的大礼堂里挤满了人，甚至走廊上也站满了人。可是，最前排却没有一个人坐。

见到此景，罗杰•博特教授十分惊讶，便问大家："第一排怎么没有人愿意坐？难道坐着不如站着？"但是礼堂内，一片寂静，没人回答。

罗杰•博特教授笑着询问大家说："怕坐第一排，你们是担心我向你们提问题吧？"

有人回答说："是！"

罗杰•博特教授微笑着说："你们怕什么呢？提问题有什么可怕的？我又不会吃掉你们！"

大家会意地笑了起来。

罗杰•博特教授接着说："在哈佛，甚至是在美国，大家都争着坐第一排，为什么呢？因为坐第一排才能亮出你自己，才能更引人注目。要知道，你引人注目，你才有机会被人赏识，被人看中。在这个人才辈出的社会里，只有坐在第一排，才有可能出人头地！"

接着他又说到："弱者等待时机，强者创造时机。在哈佛，我有一个学生叫彼特，他小学成绩就相当好，进初中以后，他很想竞选班长，精心准备了演说稿。但竞选时，他发现发表演讲的人比预想的要多，就临时改变主意，放弃了演说。他的意图是'不想让这场竞选的火药味太浓'，以后改选时还可以参加竞选，只要有实力，同学一定会支持自己的。谁知道班主任也临时改变了注意，宣布发表演说的五位同学每人做一天班长，一直持续到毕业。这让他遗憾了整整三年，一进入高中，他便毅然决然地参加了新班长的角逐，成为了一名意气风发的学生领袖。后来他又不断毛遂自荐进入了哈佛大学，最后成为了我的最优秀的学生之一。"

只有亮出自己，你才能主动把握机遇。只要敢于亮出自我，即使不能成为一个新闻人物，你也会成为一个有价值的人；即使不能成为一个创造性人才，你也会成为一个有个性的人；即使不能成为一个思想家，你也会成为一个有思想的人。

永远都坐第一排是亮出自己最好的方式，更是一种积极的人生态度，它激发你勇往直前，促使你不断进步，登上成功的顶峰。无论做什么事情，一个人的态度决定他的高度，要坐就要坐第一排，要当就要当第一名，带着这样的想法，才能竭尽全力。

20世纪30年代，英国一个不出名的小镇里，有一个叫玛格丽特的姑娘，自小就受到严格的家庭教育。父亲经常向她灌输这样的观点：无论做什么事情都要力争一流，永远坐在别人前头，而不能落后于人。

“即使坐公共汽车，你也要永远坐在前排。”父亲从来不允许她说“我不能”或“太难了”之类的话。

对于年幼的孩子来说，父亲的要求可能太高了。但他的教育在以后的年代里被证明是非常宝贵的。

正是因为从小就受到父亲的“残酷”教育，才培养了玛格丽特积极向上的决心和信心。

在以后的学习、生活和工作中，她时时牢记父亲的教导，总是抱着一往无前的精神和必胜的信念，尽自己最大的努力克服一切困难，做好每一件事情，事事必争一流，以自己的行动实践着“永远坐在前排”的誓言。

玛格丽特在上大学时，学校要求学5年的拉丁文课程。她凭着自己顽强的毅力和拼搏精神，硬是在一年内全部学完了。

令人难以置信的是，她的考试成绩竟然名列前茅。玛格丽特不光在专业上出类拔萃，她在体育、音乐、演讲上也是学生中的佼佼者。

她当年的校长这样评价：“她无疑是我们建校以来最优秀的学生，她总是雄心勃勃，每件事情都做得很出色。”

正是因为如此，40多年以后，英国乃至整个欧洲政坛上才出现了一颗璀璨耀眼的明星，她就是连续4年当选英国保守党领袖，并于1979年成为英国第一位女首相，雄踞政坛长达11年之久，被政界誉为“铁娘子”的玛格丽特•撒切尔夫人。

永远坐第一排，你会更投入；永远坐第一排，你可以少受干扰，集中精力地学习、接受、创造和改变，你将收获更多；永远坐第一排，即使讲台上的演讲并不精彩，你的收获也将远远大于后面的人；永远坐第一排，你的身边会有更多出色的同行者激励你前行；永远坐第一排，你会更接近高尚，远离平庸，你的追求会让你成为最优秀的人。

永远坐第一排，争当第一名，对每个人都适用。在这个世界上，谁不期望坐前排？谁不期望自己获得成功？任何一个有理想有抱负的人都应该有这样的想法。

当然，青少年朋友也要明白，想坐前排的人不少，但前排的位置是有限的，真正能够坐到前排的人并不多。许多人之所以不能坐到前排，就是因为他们把“坐到前排”仅仅看成一种人生理想，而没有采取具体行动。那些最终坐到第一排的人之所以成功，是因为他们不但有理想，更重要的是他们把自己的努力变成了行动，他们为了这个目标付出了远远超于他人的汗水和心血。因此，青少年朋友，你要想真的坐在第一排，有理想更要有行动。

◎哈佛图书馆

《安娜•卡列尼娜》是俄国著名作家列夫•托尔斯泰的代表作品。本书通过女主人公安娜追求爱情的悲剧，以及列文在农村面临危机而进行的改革与探索这两条线索，描绘了俄国从莫斯科到外省乡村广阔而丰富多彩的图景，先后描写了150多个人物，是一部社会百科全书式的作品。

◎哈佛考考你

描绘一下你理想的学习环境。

提示：“一个全心寻求真理的环境”，合理地提出你的想法。

____

____

____

积极的心理暗示，会让你变得更优秀

1960年，哈佛大学的罗森塔尔博士，在加州一所学校做了一个轰动世界的著名实验。

新学期开始，校长对两位教师说："根据过去三四年来的教学表现，你们是本校最好的教师。为了奖励你们，今年学校特地挑选了一些最聪明的学生给你们教。记住，这些学生的智商比同龄的孩子都要高。"校长再三叮咛：要像平常一样教他们，不要让孩子或家长知道他们是被特意挑选出来的。

这两位教师非常高兴，也更加努力教学。

一年之后，这两个班级的学生成绩是全校中最优秀的，甚至比其他班学生的分数值高出好几倍。

可你知道真相是什么吗？事实上，他们所教的这些学生智商并不比别的学生高，而是通过学校随意抽取而来的。而他们两个也不是本校最好的教师，而是在教师中随机抽出来的。

正是学校对教师的期待，教师对学生的期待，才使教师和学生都产生了一种努力改变自我、完善自我的进步动力。所以罗森塔尔博士通过这个实验想告诉大家：每一个人都有可能成功，你能成为什么样的人，并不取决于你的智商有多高，而是取决于你想成为什么样的人。

哈佛心理博士岳晓东也说："积极的心理暗示，是创造人生奇迹的跳板"。

1796年，19岁的高斯正在普鲁士哥廷根大学求学。

一天，导师给他布置了三道数学题。那天晚上高斯没多久就做完了前两道题目，但是第三道很难。导师写在另一张纸上，要求只用圆规和一把没有刻度的直尺画出一个正17边形。

高斯苦苦思索了整整一个晚上，第二天黎明时分才用了一条超乎寻常的思路完成第三道题。高斯把作业交给导师的时候，抱歉说："昨天您布置的第三道题，我花了一个通宵才完成，真是惭愧……"。

导师接过作业，用颤抖的声音说："了不得啊，你解开了一道两千多年来没有人解出的数学题，阿基米德没有解开，牛顿没有解开，你竟用了一个晚上就解开了，你真是一个数学天才！”

“真的？”高斯困惑地问导师，顿了一下又说，“我想，如果你早告诉我这一切，我大概是不会解开这道题的。”

高斯能用一个晚上解开一道困扰数学家两千多年的难题，从心理学上讲，主要是因为高斯对解这道题没有任何消极心理暗示。如果导师之前就告诉他，这道题很多数学家都没解决，高斯就可能对解这道题充满畏难情绪，容易放弃，就不会有那晚的超常发挥了。

所以说，积极自我暗示能激发潜能，消极自我暗示会让人不能正常发挥潜能，影响学习、工作、生活、生命的质量。同时积极的暗示能增强我们的能量，让我们拥有高度的自我掌握感，它是个人对自我改变或控制周围环境的主观体验。

就像1996年湖南省高考文科状元欧阳觅剑所说的：“高考前，我把‘高考考我’的心理变成了‘我要高考’的心理。正因如此，高考前三天，我有一种高考终于来了的快感。”那么我们怎么样才能拥有积极的自我暗示能力呢？哈佛大学罗森塔尔博士给青少年朋友提供了以下几种方法：

（一）音乐暗示法

心理学研究证明，个人喜好的音乐可以对人产生特殊的激励安抚效果。对于青少年来说，如果有哪一首乐曲可令他舒缓焦虑，激昂斗志，那么这首乐曲就可以成为他的暗示音乐。

（二）语言暗示法

心理学研究表明，人类容易受到语言的暗示，它对人心态的改变是巨大的。所以不妨找一些具有哲理性的语句刺激大脑，激发我们的斗志。

（三）情景暗示法

情景暗示法就是通过想象某个特定情景来愉悦情绪，调适心境。对于青少年来讲，如果有哪种情景可以令他增强斗志，缓解焦虑情绪，那么这个情景就可以成为他的暗示情景。

（四）食物暗示法

食物暗示法是通过食用某种特定的食物或饮用某种特定的饮料来起到愉

悦情绪、调适心境的作用。岳晓东博士认为：吃什么、喝什么是次要的，重要的是能给自己心里垫个底。对于青少年来讲，如果那种食物或饮料可以令他增强斗志，那么它就可以成为他的暗示食物。

（五）服装暗示法

2003年被哈佛大学录取的中国学生张晨回忆说："去参加哈佛大学面试那天，我觉得最好还是穿上自己喜欢的衣服，这挺重要的。出发之前，最好照一照镜子，在镜子里面给自己一个很自信的微笑。关键是自己有一种很完美的感觉。"服装暗示法就是通过穿着某件自己特别喜欢的服装来起到愉悦情绪、调适心境的作用。

◎哈佛图书馆

《百年孤独》，是哥伦比亚作家加西亚•马尔克斯的代表作，也是拉丁美洲魔幻现实主义文学的代表作，被誉为"再现拉丁美洲历史社会图景的鸿篇巨著"。作品描写了布恩迪亚家族七代人的传奇故事，以及加勒比海沿岸小镇马孔多的百年兴衰，反映了拉丁美洲一个世纪以来风云变幻的历史。作品融入神话传说、民间故事、宗教典故等神秘因素，巧妙地糅合了现实与虚幻，展现出一个瑰丽的想象世界，成为20世纪最重要的经典文学巨著之一。

◎哈佛考考你

烧一根不均匀的绳，从头烧到尾总共需要1个小时。现在有若干条材质相同的绳子，问如何用烧绳的方法来计时一小时十五分钟呢？

答案：取3根绳子。先拿任2根，总共有4个绳头，同时点燃3个。当第一根两头都点燃的绳子烧完（30分钟）时点燃第4个绳头（也就是第二根绳子的剩下的另一个绳头）。当第二根绳子烧完（30分钟+15分钟），同时点燃第三根绳子的两头。当第三根绳子烧完正好是1个小时15分钟（30分钟+15分钟+30分钟）。

Nothing is impossible——只要去做，没有什么不可能

对于普通人来说，从一个平民到一个国家的领导人几乎是件“不可能”的事情，可是亚当斯却做到了。在他看来，世上的一切都是可能的，重点是你要勇敢行动起来。

约翰•亚当斯生于马萨诸塞州，父亲是农场主。亚当斯从哈佛大学毕业后当了律师；1772年被选为马萨诸塞州众议员，1774年参加第一次大陆会议，1775年参加第二次大陆会议，1776年参加《独立宣言》五人起草委员会，1777年出使法国，1778年返回美国参加宪法起草工作。美国独立后，亚当斯被任命为首任驻英公使；1789年当选副总统，1796年华盛顿卸任后任总统。

作为大陆会议的代表，亚当斯所受的教育、所学的法律知识以及他娴熟的演说技能都在费城派上了大用场。在大陆会议上，他雄辩无比、入木三分的演说使其成为《独立宣言》最有力的拥护者。可以说，他为美利坚合众国的创建做出了不可磨灭的贡献。

亚当斯最引人注目的特点，一是他学识渊博，作为一位政治哲学家，他有着惊人的学问和思想力；二是他有着移民到美洲的新英格兰人那种对宗教和道德的执着精神。亚当斯在道德上可谓一个真正的君子，这与他在哈佛所受的出色教育密不可分。

只要努力，没有不可能的事情。爱迪生经过数万次的失败实验，终于制造出了世界上第一个镍铁碱电池。哈佛大学比尔教授在演讲的时候，也曾说：把“不可能”三个字从你的字典里删除，然后添加上“我能行”这三个字。假如你相信自己可以做到，那么，你就一定能做到。

1980年，艾丽莎出生在美国一个偏僻的小镇，17岁那年，父亲不幸去世，为了不让母亲累垮，她忍痛辍学来到建筑工程队当了一名小工，月工资200美元。半年后，她渐渐适应了工地上的强体力劳动。然而，她并不甘

心——难道我这辈子就只能这样了吗?

1989年3月，她所在的工地来了一群考察的中国人，随行的是一位中国年轻女翻译，穿着一套米色职业装，气质优雅。她用流利的中文介绍，举手投足间露出的精明干练、温柔高雅的风度，让她也有了成为翻译家的强烈渴望。于是，她悄悄买来中文课本、词典和磁带，开始自学汉语。

白天，她像男人一样在工地干活，晚上，筋疲力尽的工友们有的去消遣，有的睡大觉。而她用冷水洗把脸，在灯下捧起课本，每天学习到凌晨3点左右。对于像她这样没有学过汉语的人来说，最大的难题就是书写和语法。为了努力学好汉语，她在家里到处贴满了汉字，吃饭、洗脸的时候都要念上几遍。在工地上，她一边提泥递砖，一边还不停地练弹舌音。工友们看她经常嘴里含着块石子，发出古怪的声音，便议论纷纷:“这丫头是不是着魔啦?”

自学一年后，她认识的汉字越来越多，但对于毫无章法的汉语语法，还是一头雾水。于是她决定去找专业的汉语老师请教。老师了解她的情况之后提醒她，如果有条件最好去学校旁听或去参加培训。旁听她的时间很少，于是她咬咬牙，拿出攒下的1600美元，又找工友借了500美元，凑齐了学费。

此时，一无所有的她成为了培训班里最有“缠”劲的学生，逮住机会就没完没了地向老师提问。看到她学习如此用功，有位老师告诉她:“其实在培训班只能掌握必要的语法基础，要达到汉英互译，还得跟中国人多交流。”

自从那以后，她每天一有时间就去大街小巷找中国人，一看到中国人就上前搭讪。虽然她说话磕磕巴巴，有时还把意思弄错了，但大多数人并不怪她。

有一次，她看到十几个中国人在购物，随团翻译被一个词难住了，憋得脸通红。她刚好知道那个词，几句话就帮双方解了围。货摊老板一把拽住她，请她接着翻译。那天，通过她的翻译，中国客人一下买走了上千元的货。美国老板很高兴，后来她就成了摊里的“野翻译”，虽然一个月能赚到4000美元左右，但她还是不满足于此，因为她要想做的是高级翻译。于是她开始到各个外贸公司毛遂自荐，可这些单位听说她一没文凭二没留学经历，统统拒绝了她。

功夫不负有心人，她终于进了一家边贸公司做了一个临时翻译，只要有机会就不放过，后来，终于成为了公司的“金牌翻译”。后来由于她的工作经常与中美富商及高层政要打交道，最后竟成了美国白宫最好的翻译官之一。

一个只有初中学历、在建筑工地上提泥递砖的辍学女孩，凭借只要去做，没有什么不可能的信念，不仅成为“金牌翻译”，而且还成为了白宫的御用翻译官。这正如马尔加斯•奥里欧斯所说：“不要认为你觉得困难的事，对别人来说就是不可能的。你应当这样想，如果有件事是别人应当获得的，而且有可能成功的，那就应该把它认为是你也可以得到的。”

被誉为美国文明之父的哈佛学子爱默生也说：“相信自己能，便会攻无不克。”所以青少年朋友们，应该对“不可能”这个词有一个新的看法，树立自信和必胜的信念。因为成功者从来不考虑失败，他们的字典里也从来没有放弃、不可能、办不到、没法子、成问题、行不通、没希望、退缩……这些愚蠢的字眼。他们深深地理解水滴石穿的道理，只要去做，没什么是不可能的。

◎哈佛图书馆

《全球通史》是美国历史学家斯塔夫里阿诺斯的著作，是影响世界历史的10本书之一。该书分为《1500年以前的世界》和《1500年以后的世界》两册。作者采用全新的史学观点和方法，将整个世界看做一个不可分割的有机统一体，从全球的角度而不是某一国家或某一地区的角度来考察世界各地区人类文明的产生和发展，把研究的重点放在人类历史事件和它们相互关联和相互影响上，努力反映局部与整体的对抗以及它们的相互作用。

◎哈佛考考你

一个岔路口分别通向诚实国和说谎国。来了两个人，已知一个是诚实国的，另一个是说谎国的。诚实国永远说实话，说谎国永远说谎话。现在你要去说谎国，但不知道应该走哪条路，需要问这两个人。请问应该怎么问？

答案：“请问你们的国家怎么走。”诚实国的会告诉你诚实国的去法；说谎国的因为说谎，所以告诉你的也是诚实国的去法。所以另外那条路就是说谎国了。

记住：你必须有一样是最出色的

哈佛大学的入学典礼上，每年校长都要向全体师生特别介绍一位新生。有一年，校长隆重介绍的，是一个自称会做苹果派的女生。大家看到这里可能都会感到奇怪，哈佛大学不乏多才多艺之人，为何推荐一个仅仅擅长做苹果派的学生呢？

原来哈佛大学每年的入学新生都要填写自己的特长，而几乎所有的学生都填写诸如运动、音乐、绘画等特长，从来没有人填过自己擅长做苹果派，因此，这个女同学便脱颖而出。

这真是一个聪明的女生。假如她当初填“擅长厨艺”，结果会怎样呢？肯定不会像“做苹果派”这么打动人心。特长不在“长”，而在于“特”。你的特长是音乐？音乐包括唱歌、打鼓、弹钢琴、吹笛子等等。如果你的特长是唱歌，那么你是民俗还是流行，是高音还是低音？你只要抓住其中一种，发挥到最好，那么你就会取得成功。那些填擅长运动、音乐、绘画的，可能也就是会打打羽毛球、吹吹口哨或者画画线条而已。

然而，他们不去写具体的，非要填写一个大而笼统的特长。其实，他们这样做完全是没有必要的。静下来想想，特长不就是我们自己所擅长的某种技能么？其实，每个人都有自己的特长，只是我们平时不善于发现，或者不能够正视罢了。只有那些善于发现自己优势的，并把优势发挥出来的人，才能成为成功的人。

世界知名的心理学家克利夫顿说过：“判断一个人是不是成功，最主要是看他是否最大限度地发挥了自己的优势。通过研究发现人类有400多种优势，这些优势的数量并不重要，最重要的是应该知道自己的优势是什么，之后要做的则是将你的生活、工作和事业发展都建立在你的优势上，这样你就会成功。”

尺有所短，寸有所长，每个人最大的成长空间在于其最强的优势领域，多花点时间把自己的优势发挥到极致，而不是花很多时间去弥补劣势。优点与天赋是我们与生俱来的强项，青少年想要走上成功的捷径，最好的办法就是要找到自己的优势，拿出一样自己最出色的，将它发挥出来。但在生活中，很多青少年往往很迷惘，他们思考了很久也找不到自己的特长，其实不是因为自己没有，而是因为没有被挖掘出来而已。享誉世界的黑人主持人奥普拉就是一个典型的例子。

1954年1月29日，黑人小女孩奥普拉出生在密西西比州的小镇科修斯科，母亲未婚先孕，随后父母劳燕分飞。奥普拉的童年是在母亲身边度过的，妈妈经常打骂她，亲戚也经常折磨和羞辱她。在这种环境下长大的奥普拉成为了一个行为出格、脾气古怪的问题少女，整天鬼混，抽烟，喝酒……也许，在旁观者看来，这个堕落的少女一无是处。就在这时，她的父亲和继母接纳了她，给了她全新的生活。1971年，她戴上了田纳西州黑人小姐的桂冠。1972年，她进入田纳西州州立大学主修演讲和戏剧。1973年，还是田纳西州州立大学大二学生的奥普拉成了纳什维尔(美国田纳西州首府)WTVF电视台最年轻的主播。

1976年，奥普拉大学毕业，前往巴尔的摩，在WJZ电视台与同事一起主持《六点钟新闻》节目，她开创了一种全新的充满感情的新闻表述方式。但是，20世纪七八十年代的美国对黑人的歧视仍很严重，而且她的外貌也不符合大众审美，节目因此以失败告终。

第二年，不服输的奥普拉卷土重来，主持《人们在说话》脱口秀。这一次，奥普拉终于找到了自己的特长——出色的语言表达和无以伦比的沟通能力。脱口秀节目的收视率一路飙升，超过当年脱口秀名嘴菲尔•当纳的节目。

此后，奥普拉的主持生涯顺风顺水。奥普拉与其他主持人不同，她利用出色的口才和善解人意，与被采访人毫无障碍地沟通，去了解他们，倾听他们酸甜苦辣的故事。她与生俱来的敏锐洞察力令她有如潜伏在人体内的“蛔虫”，这让她能恰如其分地捕捉到谈话中最吸引人的焦点，提出极具针对性的问题。

奥普拉抓住了自己性格中的特点，靠着自己的优势和专长改变了自己的命运，实现了人生的巨大转变，这也说明了这样一个道理：一个人做一件自己擅长的事情，往往会事半功倍；相反如果做一件自己不擅长、不熟悉的事情，结果常常是事倍功半。

一个人的优势不会灵光一闪地出现在脑中,它需要在实践中去琢磨，所以，青少年要想成就最独特的自己，就要不断重新认识自己，发掘专长，发挥最大的潜能。

◎**哈佛图书馆**

《马可•波罗游记》由马可波罗在狱中口述，其狱友笔录写成。本书是第一次较全面地报道中国的、影响极大的一部书，记录了中亚、西亚、东南亚等地区的许多国家的情况，而其重点部分则是关于中国的叙述，以大量的篇章、热情洋溢的语言，记述了中国无穷无尽的财富、巨大的商业城市、极好的交通设施，以及华丽的宫殿建筑。

◎**哈佛考考你**

你最大的弱点是什么?

提示：如实地说出你最大的弱点，千万别忘记说明你正如何去克服它。

____

____

____

第四章

一勤奋你就赢了，哈佛人通往成功的捷径

差距，往往在那些不起眼的地方

在百米赛跑时，大家的起跑点都一样，不管是世界纪录保持人，还是世界上跑得最慢的人，大家都是从同一条线、听同一声枪响后才出发。但是为什么有的人就能一次次刷新世界纪录？原因是在每一个细节上，刷新纪录者都发挥到了极致。听到枪声后的反应速度、每一步比别人快0.01秒……都是这些隐含着的看不到的微小差异，到最后终于累积成巨大的差异。其实这就是为什么哈佛的学子们能迈进哈佛校门最大的原因之一。

没错，差距往往都是在那些不起眼的地方。那些优秀的人，每天都在做着一些不起眼的事情。哈佛教授西奥多•莱维特也说："魔鬼藏于细节，一个个细节组合起来的能量能摧毁一切。"

1880年从哈佛毕业的美国第26任总统西奥多•罗斯福是哈佛学子的榜样，尤其是他重视细节的精神，更是为哈佛学子们所推崇。

罗斯福是个重视细节的人，凡是经他签名的信函，他总要亲笔改动几个字后才发信。起初秘书认为是自己撰写得不够好，后来秘书发现他是每封信都改，有一天实在忍不住，问总统是否对所有信都不满意。罗斯福摇头说："每封信我一定要用笔改动一两个字，这样一来，每封信都增加了'人情味'，不再那么冷冰冰的了。"

的确，人生无大事，事事皆小事。生活的一切原本都是由细节构成的，如果一切归于有序，那么决定胜败的必将是微若沙砾的细节。正如柏拉图所说："如果没有小石头，大石头也不会稳稳当当地矗立着。"只要你能做好每一件简单的小事，你就不简单；只要你能做好每一件平凡的事，你就不平凡。

青少年爱追求完美，明知完美不可企及仍然苦苦追求，而完美在哪里呢？它就隐匿于不为你所察觉的细节中，就在你没有察觉的过程中，完美从你的身旁悄悄溜走了。实际上，不仅完美藏于细节，有时你的命运也会被一个小小的细节掌控。

在一家国际酒店的众多面试者中，老板选中了一位刚从哈佛毕业的年轻人负责这家酒店的管理工作。

事后，酒店的一位经理很疑惑地问老板：“我很想知道，您为什么会喜欢那个年轻人，他既没带一封介绍信，也没任何人推荐。”

老板喝了一口茶，微笑着对经理说：“我早就注意到他了。他在门口蹭掉脚上的土，进门时随手关上了门，说明他做事小心仔细；当看到那位残疾老人时，他立即起身让座，表明他心地善良、体贴别人；进了办公室，他先脱去帽子，回答我提出的问题干脆果断，证明他既懂礼貌又有教养。其他所有的人都从我故意放在地板上的那本书上迈过去，而这个青年却俯身拾起那本书，并放在桌上。当我和他交谈时，我发现他衣着整洁，头发梳得整整齐齐，指甲修得干干净净。难道你不认为这些足以说服我让他做酒店的管理者吗？”

什么是不简单，就是做好每一件简单的事情；什么是不平凡，就是做好每一件平凡的事情。只有注重细节、留心细节的人，才能构筑理想的大厦，走向成功的殿堂。

◎哈佛图书馆

《神曲》是意大利诗人但丁的代表作。作品通过作者与地狱、炼狱及天堂中各种著名人物的对话，反映出中古文化领域的成就和一些重大的问题，带有“百科全书”性质，从中也可隐约窥见文艺复兴时期人文主义思想的曙光。《神曲》是一部充满隐喻性、象征性，同时又洋溢着鲜明的现实性、倾向性的作品。

◎哈佛考考你

哈佛最吸引你的是哪些地方？不吸引你的是哪些地方？

提示：“吸引我的地方是1、2、3、4、5……”，逐条列出，清清楚楚，“不吸引我的地方”，最好只列举一个不吸引你的因素，不能不列举。

____

____

____

懒惰，比操劳更能消耗身体

在哈佛，教授们经常会提醒学生们要做好时间管理。因为在人生的道路上，你停步不前，有人却在拼命赶路。也许当你站立的时候，他还在你的后面向前追赶，但当你再一回望时，已看不到他的身影了，因为，他已经跑到你的前面，需要你来追赶他了。所以，你不能停步，你要不断向前，不断超越。

成功与安逸是不可兼得的，选择了其一，就必定放弃另一个。今天不努力，明天必定遭罪。哈佛的教授也常与学生这么说："学习时的痛苦是暂时的，未学到的痛苦是终生的，懒惰像生锈一样，比操劳更能消耗身体——经常用的钥匙，总是亮闪闪的！"

一个铁匠用同一块铁，打了两把锄头，摆在地摊上卖。农人买走了其中的一把锄头，马上就下地使用起来；而另外一把锄头，被一个商人得到，因为无用被闲放在商人的店里。

半年以后，两把锄头偶然碰到一起。原本质地、光泽、锻造方式都相同的两把锄头现在大不相同。农人手里的锄头，好像银子似的锃光闪亮，甚至比刚打好时更光亮；而那把一直被商人放在店里的锄头，却变得暗淡无光，上面布满了铁锈。

"我们以前都是一样的，为什么半年之后，你变得如此光亮，而我成了这副样子了呢？"那把生满锈迹的锄头问它的老朋友。"原因很简单啊，这是因为农人一直使用我劳动。"那把光亮的锄头回答说，"你现在生了锈，变得不如以前，是因为你老侧身躺在那儿，什么活儿也不干！"

生锈的锄头听后沉默了，无言以对。

两把锄头本来条件一样，就像我们与哈佛学子一样，没有什么本质的差距。但一把锄头因为到了勤劳的农人手里，每天跟着农人一起劳动，所以变得比刚打好时还光亮有力；而另一把锄头因为一直闲在商人店里无所事事，所以变得黯淡无光，并且布满了铁锈。可见勤奋和懒惰所带来的后果是多么的悬殊。

哈佛学子比尔•盖茨引用斯坦利•威廉勋爵的话告诉自己的员工说：“一个无所事事的人，不管他多么和气、令人尊敬，不管他是一个多么好的人，不管他的名声如何响亮，他过去不可能、现在不可能、将来也不可能得到真正的幸福。生活就是劳动，劳动就是生活……”

亚历山大征服波斯人之前，他注意到波斯人生活懒惰，厌恶劳动，只讲享受，惰性十足。所以他说不是我打败了波斯人，而是他们自己打败了自己。没有比懒惰和贪图享受更容易使一个民族衰落的了，也没有比辛勤劳动的民族更高尚的了。一个民族惰性十足，也就无可救药了；一个人如果惰性十足，这个人也就完蛋了。因为，劳动创造了人类，劳动创造了世界，劳动净化了灵魂。如果一个人厌恶劳动，惧怕艰苦，就不能创造物质来供自己享用，就更谈不上事业成功了。

懒惰可以毁灭一个民族，要毁灭一个人更是轻而易举。一个人一旦懒惰成性，就会成为一个精神沮丧、无所事事、浑浑噩噩的人。懒惰的人不可能成为事业成功者，他们只是社会财富的消费者而不是社会财富的创造者。

懒惰是人的一种劣根性，为了做成某件事，必须与它抗争，超越这种劣根性的钳制。这种抗争和超越，一开始总要由一些外力来强制，进而才逐渐内化为恒定的精神和行为习惯。一旦养成勤劳的习惯，往往会拥有一份稳定的愉快心情。因为它专注，意念与行为协调归一，所以恶劣的情绪便没有潜入的机会，更没有盘踞的空间。一个进入勤劳状态的人，心中就不会有长久驻足的懒惰。所以，克服懒惰最直接、最有效的方法就是使自己忙碌起来。

俄国文学家列夫•托尔斯泰年轻时为了克服惰性，采取了两条措施，一是天天做体操，二是每晚睡前写日记。这两条措施，他一直坚持到八旬高龄，日记坚持写到他逝世前四天。正是因为他克服了惰性，养成了毕生勤奋的习惯，才有了《战争与和平》、《复活》、《安娜•卡列尼娜》等伟大著作，并使他成为文坛巨匠。

所以说“勤奋是通往成功的必经之路！”古罗马人有两座圣殿，一座是美德的圣殿，一座是荣誉的圣殿。他们在安排座位时有一个顺序，必须经过前者的座位，才能达到后者——勤奋是通往荣誉圣殿的必经之路。人生的道路也是如此，要想到达成功的圣殿，唯一的道路就是勤奋。

在哈佛，所有的学子都明白这样一个道理：懒惰的人缺少的是行动，他们是思想的巨人、行动的矮子！所以青少年朋友要时刻提醒自己："成事在勤，谋事忌惰。"要知道，人生短暂，懒惰就如同自杀。

◎哈佛图书馆

《战争与和平》是一部现实主义的、英雄史诗式的长篇小说。作品围绕1812年俄国的卫国战争，以宏伟的构思、气势磅礴的叙述和卓越的艺术描写，从战争与和平两方面来表现俄国人民与拿破仑侵略者、俄国社会制度与人民意愿之间的矛盾，肯定了俄国人民在战争中的伟大历史作用，描绘了一幅波澜壮阔的历史大画卷，被誉为"世界上最伟大的长篇小说"。

列夫•托尔斯泰是19世纪俄国最杰出的批判现实主义作家，公认的世界上最伟大的小说家之一，是文艺复兴以来唯一能挑战荷马、但丁、莎士比亚的伟大作家，与巴尔扎克一起被称为现实主义文学中两座最高、最辉煌的峰峦。

◎哈佛考考你

门外三个开关分别对应室内三盏灯，线路良好，在门外控制开关时不能看到室内灯的情况，现在只允许进门一次，确定开关和灯的对应关系。（这题不是考你智力，而是考你的反应能力）

____

____

答案：1.先进开关那屋，开一灯。等5—10分钟关上，再开另一个；2.然后去灯那屋，灯泡热的是第一次开灯那个，亮的是现在开着这个，灭的是第三个。

9 热情和目标，是懒惰最大的天敌

美国VIACOM公司董事长萨默•莱德斯通在63岁时着手建立庞大的娱乐商业帝国。63岁，在多数人看来是颐养天年的时候，他却在此时做出了一个重大的决定，让自己重新投入到工作中去。而且，他的一切都围绕着VIACOM转，工作日和休息日、个人生活与工作之间没有任何界线，有时候甚至一天工作24小时。他从哪儿来这么大的工作热情？

萨默•莱德斯通是这样解答的："实际上，钱从来不是我的动力。我的动力是对我所做的事的热爱，我喜欢娱乐业，喜欢我的公司。我有一种愿望，要实现生活中最高的价值，尽可能地实现。"

因为他们还有愿望，还有目标，所以即便挣够了钱，他们还乐此不疲地辛勤工作。没错，世界上没有懒惰的人，只有缺少明确目标的人。一个人的目标可大可小，可远可近，也可以调整和改变，但一个人不能没有目标。没有目标就会失去生活的动力，进而走向懒惰。或许会有人说，世界上没有几个人没有目标，但是世界还存在许多有目标而懒惰的人。确实，为什么会这样呢？因为他们缺乏明确的目标。

日产汽车公司的销售员中有个叫奥城良注的，16年中，他一直保持着销售冠军的头衔。他曾宣布：一天要跑100个客户。那么，100个客户该从哪里找呢？

如果白天去拜访居民区，大都只有女主人在家，向她们销售汽车成效不大。于是，他先在白天拜访公司。但是，尽管他白天使尽浑身解数，辛勤地开拓市场，在下午6点钟过后，所有的公司都已经下班。假设这时他已拜访了80位客户，仍有20位客户没找到。

然后，他就算准男人回家的时间，去居民区拜访。可是到晚上八九点钟以后，客户就不欢迎销售员去打扰了。于是，奥城先生就到商店街继续寻找客户。

即使这样马不停蹄，到晚上11点可能还有10个客户没有着落。这时，他就去咖啡厅、餐厅或其他深夜还在营业的场所。

即便如此，到凌晨1点可能还差5位客户。怎么办呢？他在心里告诫自己：“如果现在回去，明天就要拜访105位客户，这样下去会越积越多。无论如何，今天必须再拜访5个客户。”然后，他居然跑到警察局，向警察去销售汽车。

就是凭着这样的精神，奥城先生每天拜访100个客户，最后取得了巨大成功。

奥城良注为什么有这样的工作激情呢？因为自己定下了明确的目标——每天固定拜访100个客户，所以他将自己的精力完全投入到了目标上，自然所有的机会就会蜂拥而来。因此我们不仅仅要有宏大的目标，更要明确目标，做到今日事今日毕。而懒惰者总是拖拉，今天推明天，明天推后天，致使一事无成。

懒惰是无法按照自己的愿望进行活动的一种精神状态，它是意志缺陷中较常见的。懒惰的习惯一旦养成，它就会将我们朝成功的反方向拉。因此，我们要想获得成功，就必须战胜懒惰。

那么怎样才能培养勤奋的习惯，战胜懒惰的心理呢？以下是几点克服懒惰的好方法，不妨试一试：

1.保持一颗进取心。拥有进取心之后，那些不良的恶习就没有了滋生的环境和土壤，久而久之，懒惰的习性就会逐渐消失。

2.学会肯定自己，勇敢地把不足变为勤奋的动力。学习、劳动时都要全身心投入争取最满意的结果。

3.规律生活。生命活动是有规律的，一个人起居有常，三餐适时，劳逸适度是身体健康的保证。

4.使用日程安排表。这个日程表可以帮你把所有事项很有条理地记录在一个地方，并时时提醒你抓紧行动。许多成功人士均有这种日程安排表，如“富兰克林的计划簿”。

5.在住宅之外的地方学习。人的行为在住宅内外是有很大差异的。家一般是休息之所，故在家里容易松懈。而在家之外的地方，特别是在图书馆等有学习氛围的地方，则会紧张起来。

6.睁眼即起，尽早开始学习。懒惰的主要表现是赖床，即觉醒后不及时起床。克服懒惰，首先要克服赖床，做到睁眼即起。

◎哈佛图书馆

《堂•吉诃德》是西班牙大师塞万提斯划时代的巨著，是文艺复兴时期的现实主义巨作，也是世界文学史上一颗璀璨的明珠。主人公堂·吉诃德一方面脱离现实，爱幻想，企图仿效游侠骑士的生活，另一方面又心地善良，立志铲除人间邪恶，是一个可笑、可叹、可悲又可敬的人物，是幽默文学中一个不朽的典型。

◎哈佛考考你

你有两个罐子以及50个红色弹球和50个蓝色弹球，随机选出一个罐子，随机选出一个弹球放入罐子，怎么给出红色弹球最大的选中机会？在你的计划里，得到红球的概率是多少？

____

____

____

答案：一个罐子放一个红球，另一个罐子放49个红球和50个蓝球，概率接近75%。

这是所能达到的最大概率了。实际上，只要一个罐子放少于50个红球，不放篮球，另一个罐子放剩下的球，拿出红球的概率就大于50%。

比别人做得多一点，多一点，再多一点

哈佛大学心理学教授沙特在给哈佛一年级的学生上第一堂课的时候，问学生：在学习、工作或生活中，我们总是渴望成功。可是，谁都不比我们傻，我们也未必比别人聪明，那么你们是凭什么成功踏进哈佛大门的呢？

当然同学们的答案很多，然而沙特教授说，其实有一个不可否认的答案，那就是："你们比别人多做了一点！"

说完他又跟同学们解释道：

吉尼斯世界纪录里最顶尖的业务人员，连续11年保持世界纪录，被称为世界上最伟大的推销员，他叫乔治•吉拉德。

一次，当记者问乔治•吉拉德靠什么能连续11年获得世界上最伟大推销员的头衔时，乔治•吉拉德笑着说："其实业务工作非常简单，只要每天比别人多努力一点点就可以了。"

记者追问，那怎样才能比别人多努力一点点呢？乔治•吉拉德说："方法很简单，就是每天比别人早一个小时出来做事情，每天比同事多打一个电话，每天比同事多拜访一位顾客。"

没错，成功非常简单，没有窍门，每天早一个钟头出门，每天多打一个电话，每天多拜访一位顾客，这就是乔治•吉拉德获得成功的秘诀。

确实如此，很多时候，我们不需要比别人多做许多，只需一点点，就可以从众人中脱颖而出。著名投资专家约翰•坦普尔顿通过大量的观察研究，得出一条很重要的结论：多一盎司定律。他指出，取得突出成就的人与取得中等成就的人几乎做了同样多的工作，他们所付出的努力差别很小——只是"多一盎司"。一盎司只相当于1/16磅。但是，就是这微不足道的一点点区别会让你大不一样。

就像两个人参加马拉松比赛，在奔跑两个小时以后，已经完成42公里的赛程，还有不到200米就将到达终点。当时的情况是，两人都十分劳累、难受。前者选择了放弃，而后者则坚持了下来。相对于他跑过的漫长路程，余下这一段短短的距离的价值和意义是不言而喻的，没有这几步，此前的努力

将变得毫无意义；有了这几步，他就成了一个征服马拉松的胜利者。取得中等成就的人只是少跑了几步，不幸的是，那是最有价值的几步。

在1985年的美国职业篮球联赛中，洛杉矶湖人队靠着各位球员已达顶峰的球技，赢得冠军可以说是唾手可得。但是在决赛时，却意外地输给了波士顿的凯尔特人队，这让教练派特•雷利和所有的球员都极为沮丧。

派特•雷利是湖人队以年薪120万美元聘请来的教练，他绝不会让自己和球员一直在沮丧中停滞不前。为了让球员重振信心，他告诉大家说：“从今天开始，我们可不可以罚篮进步一点点，传球进步一点点，抢断进步一点点，篮板进步一点点，远投进步一点点，每个方面都能进步一点点？”球员不假思索地应了他的要求。在之后一年的训练中，球员始终抱着让自己“进步一点点”的精神，不断地提高球技。

终于，在1986年美国职业篮球联赛中，湖人队不负众望，轻而易举地夺得了冠军。派特•雷利在获得冠军的时候，对球员说：“我们的成功不是偶然的。想想，我们12位球员一年在5个技术环节中分别进步了1%，所以一个球员进步了5%，全队就进步了60%，在球技上处于巅峰的湖人队，提升了60%，甚至更高，所以我们获得出人意料的成绩是理所当然的。”

“比别人多做一点”不仅仅是哈佛学子成功的秘诀，更是无数卓越人士和组织极力秉承的理念和价值观，被许多著名企业奉为圭臬。“比别人多做一点”是指：在学习、工作中，要比别人“看得更远一点、做得更多一点、动力更足一点、速度更快一点、坚持的时间更久一点”。

◎哈佛图书馆

《论语》是记载中国古代著名思想家孔子及其弟子言行的语录，一共20卷，11705字，由孔子的弟子及其再传弟子编写，是我国古代儒家经典著作之一。它以语录体为主，叙事体为辅，记录了孔子及其弟子言行，集中体现了孔子的政治主张、伦理思想、道德观念及教育原则等。其与《大学》《中庸》《孟子》并称“四书”，而《诗》《书》《礼》《易》《春秋》并称“五经”，两者合称“四书五经”。

◎哈佛考考你

你为什么而读书：

A.证明自己的学习力

B.知识本身的吸引力

C.取得学习另一课程的资格

D.得到学位证书

E.有一份好工作

F.父母或老板要求我学习

选择A和B，表明你想要的回报就是学习本身，认真学习后感到心里很踏实。

选择C、D和E，表明学习原因对你很重要，取得实质性的回报才是你学习的目的。

选择F，表明你可能是一个厌恶学习的人，只是迫于各方面的压力而为之。

9 务实：一步一个脚印，脚踏实地才能更优秀

哈佛大学动物学教授曾经在课堂上跟同学们分享狼的故事：因为自身的实力和局限，拥有自知之明的狼，并不想做什么兽中之王；狼也没有太大的野心，所以它们不会有不切实际的想法，而是会脚踏实地，以谦卑的心态向自然界的所有动物学习它们的优点。因此它们往往比其他动物在草原生存得更好。

“脚踏实地”不等于原地踏步、固步自封，它是一种稳中求进的大智慧，是一个坚持不懈地追求自己理想的过程。在这个漫长的过程中，只有那些目标专一、坚忍不拔的人才能一点点进步，直到赢得最后的胜利。

有一个小朋友很喜欢研究生物，很想知道那些蝴蝶如何从蛹壳里出来，变成蝴蝶便会飞。

一次，他走到草原上看见一个蛹，便取回家观察。几天以后，这个蛹出了一条裂痕，里面的蝴蝶开始挣扎，想抓破蛹壳飞出来。

这个过程达数小时之久，蝴蝶在蛹里面很辛苦地挣扎，怎么也没法子出来。小朋友看着不忍心，就想帮忙，便随手拿起剪刀把蛹剪开，使蝴蝶破蛹而出。

但蝴蝶出来以后，因为翅膀不够有力，飞不起来。

蝴蝶以后再也飞不起来，只在地上爬，因为它还没有经过自己奋斗，将蛹打开然后飞出来的过程。

一步登天是很难做到的，但每个人都能做到一步一个脚印；一鸣惊人也难以实现，但每个人都可以做到有始有终地做好一件事；一下就成为天才可能是异想天开，但每个人都可以做到每天都进步一点点。正如蝴蝶破蛹而出需要一个痛苦的挣扎过程，每个人的成功也都需要一个在失败与成功中挣扎的过程。所以青少年朋友，做任何事都不能急于求成。美国决策大师皮尔斯•卡特有一句名言：“决策的最佳时机并不仅仅是快速，还应是适速。”

一个屡屡失意的年轻人千里迢迢来到普济寺，慕名寻到老僧释圆，沮丧地对释圆说：“像我这样屡屡失意的人，活着也是苟且，有什么用呢？”

释圆静静听这位年轻人叹息和絮叨什么也不说，只是吩咐小和尚："施主远道而来，烧一壶温水送过来。"

少顷，小和尚送来一壶温水，释圆老僧抓了一把茶叶放进杯子里，然后用温水沏了，放在年轻人面前的茶几上，微微一笑说："施主，请用茶！"年轻人俯身看看杯子，只见杯子里微微地冒出几缕水汽，那些茶叶静静地浮着。年轻人不解地问："贵寺怎么用温水冲茶？"

释圆微笑不语，只是示意年轻人说："施主，请用茶吧。"年轻人只好端着杯子，轻轻呷了两口。

释圆说："请问施主，这茶可香？"

年轻人摇摇头说："这是什么茶？一点茶香也没有呀。"

释圆笑笑说："这是福建的名茶铁观音啊，怎么会没有茶香？"

年轻人听说是上乘的铁观音，又忙端起杯子呷两口，再细细品味，还是放下杯子说："真的没有一丝茶香。"

释圆微微一笑，吩咐小和尚："再烧一壶沸水送过来。"少顷，小和尚便提来一壶冒着浓浓白汽的沸水，释圆起身，又沏了一杯茶。年轻人俯身去看杯子里的茶，只见那些茶叶在杯子里上下沉浮，随着茶叶的沉浮，一丝清香便从杯里溢出。嗅着那清清的茶香，年轻人禁不住去端那杯子，释圆忙微微一笑说："施主稍候。"说着便提起水壶朝杯子里又注了一缕沸水。年轻人见那些茶叶上上下下，沉浮得更厉害了，同时，一缕更醇更醉人的茶香升腾出杯子，在禅房里弥漫。释圆如是注了五次水，杯子终于满了，那绿绿的一杯茶水，沁得满屋生香。

释圆笑着问道："施主可知道，同是铁观音为什么茶味迥异吗？"

年轻人思忖说："一杯用温水冲沏，一杯用沸水冲沏，用水不同吧？"

释圆笑笑说："用水不同，则茶叶的沉浮不同。用温水沏的茶，茶叶就地浮在水上，没有沉浮，茶叶怎么会散逸它的清香呢？而用沸水冲沏的茶，冲沏了一次又一次，浮了又沉，沉了又浮，沉沉浮浮，茶叶就释出了它春雨般的清幽，夏阳似的炽烈，秋风一样的醇厚，冬霜似的清冽。世间芸芸众生，又何尝不是茶呢？那些不经风雨的人，平静地生活，就像温水沏的淡茶平静地悬浮着，弥漫不出他们生命和智慧的清香。而那些栉风沐雨饱经沧桑的人，坎坷和不幸一次又一次袭击他们，他们就像被沸水沏了一次又一次的酽茶，在风风雨雨的岁月中沉沉浮浮，溢出了他们生命的一脉脉清香。”

水温合适了茶自然溢出清香，功夫深了人生自然也能溢出清香。无论是谁，无论是哪一种成功，都是靠着一步步的积淀，功夫到家后，才获得的。切记不能急于求成，功夫到家了，自然能获得成功。

俗话说：“欲速则不达。”急躁轻率，盲目冒进，只会四处碰壁。我们要想取得事业的成功，必须遵循事物发展的规律，有计划有步骤地进行。但是，现实中偏偏有些人爱耍小聪明，做事急于求成，结果事与愿违。所以青少年朋友要踏踏实实做事，做到“一步一个脚印”，以踏实的态度求学，定有成就功业的一天。正如李大钊所说：“凡事都要脚踏实地去做，不驰于空想，不骛于虚声，而惟以求真的态度作踏实的工夫。以此态度求学，则真理可明，以此态度做事，则功业可就。”

◎**哈佛图书馆**

《北回归线》是美国作家亨利•米勒的代表作。书中以回忆录的形式追忆了作者同几位作家、艺术家朋友在巴黎度过的一段时光，以超现实主义和自然主义的夸张、对变形的生活细节的描写揭示人性，抨击虚伪的西方基督教文明，撕去它罩在文明社会中人类性关系上的伪装，探究青年人如何在特定环境中将自己造就成广义的艺术家这一传统的西方文学主题。本书出版后深刻影响了第二次世界大战后的欧美文坛。

◎**哈佛考考你**

测测你的心理年龄：下面一种海洋生物，你想变成哪一种？

A.变成珊瑚

B.变成两条鱼

C.变成一群鱼

D.变成海蛇

答案分析：

选择A：缺乏行动力。你是一个多说少做、举棋不定的人，而且有恋母情结，常常希望得到别人的照顾，精神年龄仍停留在小学阶段。

选择B：有强烈责任感。你有责任感，生活起居方面很独立，而且在学校、公司中有不错表现，得到别人的爱戴。不过，在恋人面前就表现得很柔弱。

选择C：害怕寂寞。你的精神年龄也不算太高，喜欢集体生活，而且小事也会询问亲友才能下决定，所以朋友、亲友都是你的精神支柱。

选择D：成熟人。你是一个相当成熟的人，而且具有强烈使命感，因此再孤独的生活也不怕。但有时会局限于自我认知的范围里，别人的意见不容易听进去。

第五章

效率比“用功”更重要，谁偷走了你的时间

绝不拖延，即刻行动

这是一个刻不容缓的时代，成败与胜负往往就在一分一秒间决定！在世界很多城市，忙碌的上班族在享用午餐的时候也忘不了自己手头上的工作，为了能在高效率的社会竞争中占有自己的一席之地，“有空再谈”已经成为他们的口头禅了。

正如意大利著名的无线电工程师马可尼所说：“成功的关键就在于是否养成迅速行动的好习惯！”这也是哈佛学子拥有的特质。在哈佛学子看来，时间是最应该被珍惜的东西。他们通常会将效率看成是成功的第一基础，认为世界上最不幸的事情就是失去时间，因此他们做事讲究立刻行动，绝不拖延。在他们看来，拖延只会让自己的时间无声溜走。

哲学家伏尔泰曾问过一个有趣的问题：“在这个世界上，什么东西是最长的也是最短暂的，什么东西是最快的也是最慢的，什么东西是最广大的也是最容易分割的，什么东西是最受重视也最让人惋惜的？如果你没有了它，任何事情都不可能完成，它可以使一切伟大的事物生生不息，也可以使一切渺小的东西归于寂灭，那么它究竟是什么呢？”

充满智慧的查帝格回答说：“在这个世界上，时间是最长的也是最短暂的，是最快的也是最慢的，是最容易被分割又是最广大的，是最不受重视又是最让人惋惜的。因为时间无穷尽，而且不易受人重视，可是当人们失去后又开始惋惜了。如果没有时间，我们能做什么呢？时间会将那些虚无的东西都冲走，而那些伟大的东西将被凝固起来，永垂不朽！”

的确，我们每个人的时间都是有限的，如果能够将每一分一秒的时间都利用起来，让单位时间发挥最大的功效，而不是事事拖延，那么我们离成功还会遥远吗？

拖延的恶习只会将我们对成功的渴望一点一滴地腐蚀掉，让我们的进取心和责任感慢慢退化，这样的我们无论在学习还是工作中，都没有任何效率可言。可是，拖延却时时发生在我们身上，尤其是青少年朋友，事事拖延几乎成了一种通病。

让我们来看看美国心理学家莱诺拉•袁和简•博克在他们的著作《拖延心理学》中所列出的数据吧——根据两位心理学家的研究表明，现代大学生中约有70%的人存在严重的拖延问题，约50%的学生坦言“拖延已经成为一种习惯”，而在被调查的一般人群中，受到慢性拖延症影响的成年人约占25%，这样的数据实在让人震惊！

拖延不仅是一种心理问题，还对个人的时间管理造成严重的影响。试想一下，一个人做事情总是拖拖拉拉，那他还有什么效率可言呢？也许正因为如此，美孚石油的约翰•丹尼斯才会告诫大家：“决不拖延，我们就可以轻松愉快地生活和娱乐。避免拖延的唯一方法就是随时开始行动，而随时开始行动，首先必须认识到自己工作的重要性。另外必须记住的是：没有什么人会为我们承担拖延的损失，拖延的后果只有我们自己承担。如此一来，我们就可能在一个庞大的公司里，创造出每一个员工都不拖延哪怕半秒钟的奇迹。”

“决不拖延”，这也是哈佛教授经常教育学生的一句箴言！作为青少年朋友，一定要改掉拖延的坏习惯，把握生命中的每一分钟，哪怕只是一分钟的积累，在达到一定的量之后将发生质的飞跃。总之，如果你想在秋天收获粮食，那么春天一定要播种；如果你想欣赏远处的美景，那么你一定要到达山顶！

无论你的目标有多么遥远，只要你现在行动起来，总有一天会到达，而拖延只会让你的时间无声溜走，让你在不知不觉中失去更多的机遇。

◎哈佛图书馆

《拖延心理学》是美国心理学家，简•博克及莱诺拉•袁的心理学著作。你想要向拖延的恶习开刀吗？这两位加利福尼亚心理学家在她们治疗拖延者的实践中精准地捕捉到了拖延的根本原因。这本书可以帮助你减轻拖延，更好地享受生活。

◎**哈佛考考你**

思维题：A、B、C、D四人同住在一栋四层的公寓里，他们之中有工程师、工人、教师和医生，如果告诉你——

A比B住的楼层高，比C住的楼层低，D住第4层。

医生住在教师的楼上，在工人楼下，工程师住最低层。

那么请问：A、B、C、D各住在这座楼的几层？他们各自的职业是什么？

答案：A是教师，住2层；B是工程师，住1层；C是医生，住3层；D是工人，住4层。

空间整理：让人拖沓的，不是作业而是杂乱的书桌

在哈佛，无论老师还是学生都十分讲究效率。为了让每一分钟宝贵的时间都实现最大的价值，他们往往会想尽一切办法，利用最少的时间做最多的事情。尤其在学习方面，哈佛人都懂得效率比“用功”更重要的道理。

那么，如何才能让学习更有效率呢？哈佛教授的回答是：“先整理好自己的空间，不要让杂乱无章的书桌成为你拖沓的理由。”的确，现在的青少年似乎有这样一种通病：他们的书桌上总是堆积着各种各样杂乱的东西，课本作业到处乱扔，钢笔试卷随处可见。每次需要某种东西的时候，他们都会将这些“杂物”从头到尾翻找一遍，可是永远找不到自己想要的东西。试想一下，这样还有效率可言吗？

在一堂哈佛公开课上，沃尔特教授眉飞色舞地讲述了“空间整理”的重要性。

沃尔特教授告诉台下听讲的学生们，他曾经见过这样一个没头没脑、总是生活在杂乱中的朋友。那个朋友平时忙得不可开交，时间对于他来说简直比生命还重要。

那个朋友开了一家很大的公司，却不懂得如何用人。虽然他雇用过很多人才，并且想借此来弥补自己在管理上的凌乱和无条理性，可是由于自己本身就缺乏系统并且有条理的头脑，因此在处理事情方面总是弄得一团糟。

如果你走进他的办公室，就会误以为自己走进了一家杂货铺子，各种文件扔得到处都是。他总是那么忙碌，甚至没有空余的时间整理一下自己的办公桌，就算有一点时间他也不知道如何安排。曾经有好几次，沃尔特教授走进他的办公室，都看见他在堆积如山的文件里焦急地寻找着什么东西。

无论是他自己，还是他的工作，都没有任何条理性可言。如果有员工向他请命，他也不知道如何安排接下来的事情。因为他没有连续一贯的计划，没有工作纲领，更不知道如何领导自己的员工有条不紊地开展工作。

最后，好不容易成立的公司，终究没有逃脱破产的命运……

说到这里，沃尔特教授无奈地摊了摊手，对台下的学生说：“我很同情

这位朋友的遭遇，可是一个做事没有条理，甚至连自己的书桌都不知道如何整理的人，如何能讲效率，获得成功呢？”

如果青少年朋友也像沃尔特教授的朋友那样，一直处于毫无条理的杂乱之中，那么你们的生活以及学习也会变得杂乱无章。不难想象，一个不知道对生活中的杂物进行整理的人，如何能在学习中做到井然有序，如何成为一个有能力并且目标明确的人呢？

正因为如此，沃尔特教授才会一再要求学生整理好自己的空间，让生活及学习更加井然有序。这也是让学习更有效率的基础法则之一。

在这个讲究高效率的时代，无论工作还是学习，都必须做到井然有序。如果你不想被时代和竞争对手所淘汰，就要在自己的事情上做到一丝不苟，千万不要让那些杂乱无章的东西成为你的绊脚石。我们只要看看那些成功案例就会明白，如果工作没有条理和规划，再大的公司或机关都很难有高效率，更不会有太大的起色，相反，那些工作有条理、计划精密的公司，往往会取得让人意想不到的成就！

同样是一位商人，毕业于哈佛大学商学院的肖恩却在“空间整理”上做得十分出色。

每天下班之前，他都会将自己的办公桌整理一遍，对于那些比较重要的信件及订货单，他会马上回复填发。虽然他经营的公司规模很大，可是光从表面却很难看出来。

在肖恩看来，一切事务的进展都必须有条有理，因此他常常会把公司的安排系统化，让公司的每一位员工都知道自己应该做些什么。当员工开始按照他制定的程序办事时，那些紧张忙乱的现象也就很少出现了。

由于肖恩懂得整理自己的空间和时间，因此他充分地利用了宝贵的人力和时间资源，让自己的公司有条不紊地发展。他不必每天慌乱于自己的工作中，更不用埋头苦干，可是他所取得的效率和成果却是加倍的。

这样的老板，能够在商业社会中占有自己的一席之地也就很正常了。

同样是商人，工作安排得越井然有序，时间就显得越多，效率也越高。

正如哈佛大学教给学生的那样——要想成为一位设计者，那么你必须拥有完美的计划；要想成为一位思想家，那么你必须拥有系统的思想！

那些做事没有条理性，头脑不清醒的人，很难在新时代找到立足之地。因此青少年朋友们应该学会有条理、有系统地做事。从自身做起，从最简单的事情做起，不能让杂乱无章的书桌成为你拖沓的理由！

◎哈佛图书馆

《乌合之众：大众心理研究》是法国心理学家古斯塔夫•勒庞的代表作，也是社会心理学领域的经典著作，至今已被翻译成近20种语言出版。在书中，作者以十分简约的方式，考察了群体的特殊心理与思维方式，尤其对个人与群体的迥异心理进行了精辟分析。

◎哈佛考考你

心理学家曾做过一个实验，他们通过观察一个人的书桌摆设，来分析一个人的性格特点。你的书桌是井井有条，还是杂乱无章呢？通过下面的测试，来破译自己的性格密码吧！

心理测试：你的书桌上是怎样摆设的？

A：书桌上杂乱无章

B：书桌上摆设小盆景

C：书桌上摆满小玩具

D：书桌上放置家庭相片

答案分析：

选A：你是一个思维敏捷，充满想象力的人，但是做事缺乏条理性，如果遇到一些复杂棘手的事情，很难从容地应对。

选B：你是一个冷静沉着，行事小心谨慎的人，基本不会做出一些冲动出格的事情。由于过分小心，你时常会因为一些小事情而犹豫不绝。

选C：你拥有十分丰富的感情世界，即使在枯燥的课堂上，也能找到属于自己的乐趣。但是你要小心这种“贪玩”的性格会影响到你的学习。

选D：你是一个敏感脆弱的人，在平时的交往中不会轻易和人发生争吵，因为你总是为他人着想，希望帮助身边的同学和朋友做更多的事情。

列出完美规划，先做最重要的事

哈佛大学曾做过一次关于“人生规划”的跟踪调查，被调查的对象都是一些年纪、家境、学历等条件相仿的年轻人。

25年的跟踪调查表明：那些拥有完美规划的年轻人一直坚持自己心中所想，经过不懈地努力之后，几乎都成了社会各界的精英人才，享受尊贵的社会地位。而那些没有规划和目标的人，大多处于社会的中下层面，尽管他们拥有相对稳定的工作环境，却没有太大的成就。这就好像西方那句谚语一样：“假如你不知道要去哪里，那么你哪里也去不了！”

那些做事有条理、有计划的人，不管在哪个行业都能取得令人满意的成绩。可是在现实生活中，很多青少年朋友有自己的计划，每天都在忙碌着，做事的效率却依然很低，这又是为什么呢？归根结底，还是他们的心里过于忙乱，想做的事情太多，却没有时间和精力将一件事情做好，更分不清事情的轻重缓急。

因此，哈佛的教授们时常在课堂上教育自己的学生：做任何事情都要分先后，要知道什么事情应该先做，什么事情应该后做！这不仅是一个良好的习惯，也是处理问题的最好方法。

在哈佛经济学课堂上，老师经常给学生们讲述著名的“80/20定律”。这个定律是由意大利经济学家所提出的，它告诉我们一个道理，那就是生活中20%的事情足以决定80%的成就！因此，我们更应该擦亮双眼，去分辨生活中哪些才是最有可能见效的20%的事情。只要我们能够辨别清楚，那么就能将更多的时间用在这些重要的事情上，而将剩余的时间用于其他无关紧要的事情了。

青少年朋友都知道一日之计在于晨的道理，能够列出完美的人生规划是成功的第一步，同时还应该分清事情的轻重缓急。

每天早晨你都要想一想，今天需要做哪些事情，昨天还有哪些事情没有做完，在心中的计划表上填下这些内容，然后按计划有条不紊地去做好每一件事情，分清轻重缓急，哪些事情必须先做，哪些事情可以暂缓一下，这样的规划才不至于让你手忙脚乱，不知道该干什么。

在哈佛，每一位学生都不会低估计划的重要性，因为他们知道，有了计划，才可以将生活和学习安排得井井有条。当然，有了计划之后，还应该分出事情的先后顺序，一件件有秩序地去完成。这就好像盖房子一样，先打好地基，然后砌墙，最后才能盖上屋顶。如果先砌墙再去打地基，那么就会发生很严重的事情了。

哈佛的教授们也很重视培养学生的规划能力，同时也教导学生分清事情的轻重缓急，将时间用在最重要的事情上，从而提高学习的效率。

在一堂时间管理课上，特伦斯教授在讲台上放了一个空瓶子，然后又将一些可以放进瓶子的鹅卵石放在讲台上。

教授将那些鹅卵石放进瓶子中，问讲台下的学生：“你们说这瓶子装满了吗？”

学生们争先恐后地答道：“满了，当然满了！”

“真的满了吗？”教授又从身后拿出一袋小石子，然后将它们倒进了瓶子里，继续问学生：“你们说，现在这瓶子满了吗？”

这次学生们不敢太快回答，但迟疑了一会儿，还是轻声回答：“这次可能真的满了。”

教授笑而不语，又从身后拿出一袋沙子，将它们倒进了瓶子里，然后问道：“现在你们告诉我，这个瓶子满了吗？”

“没有满！”这时所有的学生都变乖了，大家都知道教授还有“下文”。

“很好。”教授微笑着称赞他的学生，然后又拿出一大瓶水倒进了已经被鹅卵石、小石子和沙子填满的瓶子里。

实验做到这里，教授终于严肃起来，他很认真地问学生：“我们可以从这个实验中得出怎样的结论呢？”

课堂间一阵沉默，然后一个学生站了起来，回答说：“这是一堂时间管理课，所以老师想让我们明白，无论平时我们的学习有多么忙碌，只要将时间挤一挤，还是可以做很多的事情！”

“这位同学答得非常好。”教授对这位同学的回答表示满意，不过他顿了顿又说，“但这并不是我想告诉大家的重要知识。其实，我想让大家明白的是，如果你之前没有将大的鹅卵石放进瓶子里，那么之后你再也没有机会将它放进去了。也就是说，我们做任何事情，都要有计划，要分清事情的先后顺序！”

同学们终于恍然大悟，此时课堂上响起了热烈的掌声。

著名的管理学之父彼得•杜拉克教授曾经说过：“无论我们做什么事情，都要分清轻重缓急，最糟糕的是什么事都做，但都只做一点，这必将一事无成。”

其实生活中的所有事情都可以根据它的紧急性和重要性来确定处理的先后顺序，越是紧急重大的事情，越是要先处理，剩下的时间再去处理那些无关紧要的小事。在这样的规划下进行时间管理，就很容易出效率，并且不会再出现手忙脚乱的现象。

对于青少年而言，知识的海洋如此浩瀚无际，而人的时间和精力是很有限的，因此在时间管理上我们必须学会规划和选择，先列出完美的规划，做最重要的事情。那些成功者都懂得有所不为才能有所作为的道理。

◎哈佛图书馆

《经济学原理》是美国经济学家格里高利•曼昆的代表作，也是世界上最流行的经济学教材。现代社会中经济与每个人的生活都密切相关，所有的大学生都该懂点经济学，而这本书无疑是最受欢迎的经济学入门经典教材。

◎哈佛考考你

智力题：

在非洲有两个奇怪的村庄，甲村庄的人在星期一、星期三和星期五说谎，而乙村庄的人在星期二、星期四和星期六说谎，其他的日子他们都说实话。有一天，一位美国人来到这里，向遇见的两个人提出了同一个关于日期的问题，这两个人分别来自甲村庄和乙村庄，而他们的回答都是：“前天是我说谎的日子。”那么请问这一天到底是星期几呢？

答案：星期一。

每次只做一件事，专心致志完成

哈佛教授经常会将一句话挂在嘴边，那就是——每次只做一件事！无论是工作还是学习，这都是提高效率的最好方法。

对于我们绝大多数人来说，学习和工作都会受到脑力、精力和体力等多种因素的影响，我们在做许多件事情时，损失最大的就是效率。由于注意力不断转换，我们时常顾此失彼，最后只会让自己收获低效与疲倦。因此，在忙碌的工作与学习中，我们必须学会专注，每次只做一件事情，将宝贵的精力和时间花在最重要、最能产生效益的事情上。

再看看现在的青少年朋友，他们的学习压力越来越大，每天必须面对的课业也越来越繁重，许多青少年朋友都在不断的学习中体会到了身心俱疲的感觉。那么怎样才能让他们更好地安排学习任务，提高学习效率呢？

哈佛商业评论的英文版面上，就曾刊登了两位效能专家托尼•施瓦茨和戴维•艾伦的建议，他们认为提高青少年学习效率的最好办法，就是排除各种干扰，加强他们的专注力，换句话说，就是让他们利用有限的时间和精力去做最重要的事情，只做一件事情！

在《成功杂志》创刊一百周年之际，编辑将该杂志早期刊登的一些优秀文章节录出来，其中有一篇摘录文章再次受到了读者们的热捧。

这篇文章的作者名叫西奥多•瑞瑟，在很多年前他为了能够访问到著名的发明家爱迪生先生，曾经在爱迪生的实验室外面驻扎了三个星期。

当瑞瑟见到爱迪生时，问的第一个问题就是：“成功的第一要素是什么？”

爱迪生很热情地接待了瑞瑟，对于他的问题，也回答得毫不含糊。爱迪生回答说：“成功的第一要素是能够将你身体与心智的能量锲而不舍地运用在同一个问题上而不会厌倦的能力……你整天都在做事，不是吗？每个人都是。假如你早上7点起床，晚上11点睡觉，你就做了整整16个小时。对大多数人而言，他们肯定是一直在做一些事，唯一的问题是，他们做很多很多事，而我只做一件。假如他们将这些时间运用在一个方向、一个目的上，他们就会成功。”

每次只做一件事，将你所有的时间和精力都投入到这件事情中，这样你的心灵就不会感到疲倦。专注于你已经决定的那件事上，千万不要让你的思维转到其他的事情、其他的想法或需要上去。只有这样的专心致志，才能让你在成功的道路上一往无前！

我们可以将自己需要完成的事情想象成一大排抽屉，你要做的只是一次拉开一个抽屉，并且将抽屉里的事情圆满地完成，然后再将抽屉推回去，而不是一次拉开好几个抽屉，让自己忙得不可开交，最后却什么也没做好。

如果你总是想着所有的抽屉，并且将你的时间和精力分散到每一个抽屉中，那么到最后只会适得其反，只是在浪费你的效率、体力和心情。相反，如果你能专注于一个抽屉，选择最重要的事情先做，将其他的事情放在一旁，做得少一点，可是质量上乘，那么你一定能在工作或者学习中得到更多的快乐！

让我们来看看哈佛大学最新的一项心理研究成果：

这是美国哈佛大学心理学家马修•奇林斯沃斯教授所做的一项研究，他对世界各地近2300人进行了一次问卷调查，让这些人记录下自己每天所做的事情以及心里的想法。

研究的结果让人惊讶，因为被调查者走神的时间大概占到了清醒时间的46.9%，也就是说他们一天中大部分时间都在走神、胡思乱想，能够专注做一件事情的时间很少很少。

马修教授还发现，人们在专心致志做一件事情的时候，会感觉到快乐，这种快乐当然是走神无法相比的。这就是专心做一件事情的好处。

我们不可能像伟大的发明家爱迪生那样一辈子只做一件事，可是我们却可以每次只做一件事。作为青少年朋友，更要时刻提醒自己，事情再多也不能贪心，不能着急，每次只做一件事，并且专心致志地做好，无论事情的大小。

如果能够如此坚持下去，就能让自己的思路更加明晰，方法也更加适用，才能让自己充分地利用好自己的每一分每一秒，不至于被繁琐的小事所困扰。

请你记住：一步一步，才能走好脚下的路；一件一件，才能做好眼前的事！

◎哈佛图书馆

《黑客与画家》是硅谷创业之父Paul Graham的文集，主要介绍优秀程序员的爱好和动机，讨论他们的成长、对世界的贡献以及编程语言和工作方法等所有对计算机时代感兴趣的人的一些话题。书中的内容不但有助于了解计算机编程的本质、互联网行业的规则，还会帮助读者了解我们这个时代，迫使读者独立思考。本书适合所有互联网创业者和计算机相关专业的学生，也适合一切对计算机行业感兴趣的读者。

◎哈佛考考你

我们都知道，专注力是开启成功大门的钥匙，那么你的专注力如何呢？以下的小测试将为你的专注力打分，请根据自身的情况如实作答。

你是一个十分关注细节的人。

对你来说，下课推迟是一种折磨。

和同学聊天，你总会跳转话题。

你的爱好总是不固定。

总是打断别人的谈话，尽管你不是故意的。

宁愿做家务也不愿做功课。

事先计划对你来说是件比较困难的事。

你是一个健忘的人。

经常把别人的东西放错地方。

看书总是看开头，却无法看完结尾。

书桌和卧室都很凌乱。

很难改变自己的生活习惯。

为以上每道题打分：一点不像我，得0分；有一点像我，得1分；比较像我，得2分；这简直就是我，得3分。

测试结果：

0～15分：尽管你偶尔会陷入无端的想象之中，不过你是属于那种专注力特别强的人，因此学习通常很容易进入状态。

16～25分：和很多人一样，你的专注力不是特别强，因此要尽量减少那些干扰你注意力的因素，比如在课堂上不要和同学说话，不要东张西望，在平时也要注意远离电视和网络。

26～36分：你的注意力非常不集中，是一个专注力很差的人。如果平时还有多动症的表现，那就需要向专业人士进行咨询。

今日事，今日毕

在哈佛大学图书馆里流传着的很多名言中，有这样一条：Never put things you can deal just now to tomorrow.（勿将今日之事拖延至明日。）人们常说“今日事，今日毕”，然而现实生活中往往并不能充分实现这一点。因为惰性而产生的拖延时时刻刻发生在我们的身上——早上躺在床上不想起来，起床后什么事也不想干，能拖到明天的事今天不做，能推给别人的事自己不做，不懂的事自己不想懂，不会做的事自己不想做……“懒惰”就像很有诱惑力的怪物，人一生谁都会与这个怪物相遇。它是人类最难克服的一个敌人，许多本来可以做到的事，都因为一次又一次的懒惰拖延而错过了成功的机会。

时间是最不可思议的东西。有人觉得它很漫长，因为它永无止境；也有人觉得它很短暂，因为它总是在不经意间流走。在哈佛人看来，时间就是人类的第一资源，没有一种不幸能和浪费时间相提并论了。因此他们做事从不拖延，今天的事情绝不拖延至明天。

每一位青少年朋友都应该明白，时间是最公正、最无私的，每个人每天拥有的时间都一样多，可由于每个人对待时间的态度不同，因此也会得到不一样的结果。那些浪费时间、做事拖延的人，总会在时间里越活越疲惫，而那些珍惜时间的人，却能在时间里品尝到成功的花蕾。“今日事，今日毕”，这便是哈佛大学教给学生最宝贵的精神！

正如瑞士著名的教育学家裴斯泰洛齐所说的那样：“如果今天的事情没有做完，明天做得再好也是一种耽搁了。”所以，青少年朋友们应该学会“今日事，今日毕”，绝不能将今天的事情拖延到明天。明日复明日，明日何其多，这样的人生显然不会有所成就，不仅没有经营好今天，也让明天悄然消逝了。

在哈佛大学的一堂时间管理课上，霍华德教授对学生们讲述了一个有趣的故事：

很久以前，美国马里兰州有一位养奶牛的农场主，他养的奶牛乳汁特别好，所以逢人便夸："我养的奶牛真是太棒了，可以挤出很多乳汁呢！"

大家都不太相信他的话，纷纷说道："既然你养的奶牛乳汁那么好，什么时候给我们展示一下呢？"

那位农场主得意洋洋地说："当然没问题啊！过几天你们都来参观我的农场吧！保证能让你们都喝上最新鲜的牛奶！"

为了储存更多的牛奶，让那些参观的人都可以喝到，他立马去挤牛奶了。可是第二天却发现，前一天挤的牛奶都酸掉了。由于当时还没有冰箱，自作聪明的农场主试了很多方法，都无法将牛奶收藏好。最后他想：既然挤出来的牛奶会酸掉，那么就让它们囤积在奶牛肚子里吧，这样就不用担心了。

农场主还在认真地盘算，一只奶牛一天可以挤五罐奶，五天就有二十五罐，不如再过五天再来挤吧！这期间，他不断给奶牛喂食，给它们增加营养，而且把小牛也牵走了。

就这样过了五天，当所有参观者都来到他的农场，而他兴高采烈准备去挤牛奶的时候，却发现所有的奶牛都挤不出一滴奶了……

霍华德教授的故事说到这里，所有的学生都大笑起来，这真是一个傻农场主！

"我想故事的结局同学们肯定都预料到了，可是我们从这个故事中明白了什么呢？"霍华德教授正了正色，继续说，"其实人的力量也和牛奶一样，如果现在不去利用，也不可能将它们'储存'到将来的。这就是生命的'使用权'，我们自然应该珍惜自己的一分一秒去做当下该做的事情，今日事今日毕，千万不要拖延放纵，让自己的时间和精力白白流失了。"

课堂上的笑声渐渐止息，每位同学都若有所思，好像从霍华德教授的口中明白了很多。

在哈佛的课堂上，我们常常可以听到教授慷慨激昂地对学生们说道："只知道等待明天的人，永远也无法将今天握在手里。因为你所等待的明天能够给予你的只有死亡和坟墓。"哈佛学子将这样的理念落实到学习与生活之中，他们懂得"今日事，今日毕"，而不是将它们拖延到明日。因为"昨天"只能用来储存我们的回忆，"明天"只能寄托我们的向往，在生命的长河里，只有“今天”才能承载我们的行动、梦想和希望。

所以，青少年朋友永远不要拖延，而应该告诉全世界，你是多么优秀的人，并且通过实际行动，从现在开始努力。当你真正养成了“今日事，今日毕”的果断决策能力，并把它当作自己的行为准则时，那么成功就会在不远处向你招手了。

◎哈佛图书馆

《一九八四》是英国作家乔治•奥威尔的传世之作，堪称世界文坛上最著名的政治讽喻小说。他在小说中创造的“老大哥”、“双重思想”、“新话”等词都已被收入权威的英语词典，甚至由他的姓衍生的词“奥威尔式”也不断出现在报道国际新闻记者的笔下，足见其在英语国家影响之深远。

◎哈佛考考你

思维题：现在请转动你的脑筋想一想，当你抬头看着墙上的钟表时，时间正好是3：15，那么这时候时针与分针的夹角是多少度呢？

答案：7.5度。

第六章

超强自律，我不会被任何事情打扰

从来没有被兑现过的“完美计划清单”

哈佛大学心理学博士莫根曾说：“每一个成功者都是天才的梦想家。”

每个人都有过自己的梦想，有的人想成为亿万富翁，有的人想成为科学家，还有的人想成为众人关注的电影明星。可是过了若干年，有的人梦想实现了，有的人却一事无成，这是为什么呢？那些实现梦想的人，往往倾尽一生去追求、去奋斗，而那些没有实现梦想的人，却始终生活在梦想里，停滞不前。

成功者都是天才的梦想家！有梦想很重要，可是如果光有梦想而不去实现它，就像制定了完美计划而不去执行一样，你是永远也无法到达成功彼岸的。

在哈佛商学院的教学备案里有一个经典的案例：

一位美国商人在小镇上做了几十年的生意，到最后他竟然一败涂地了。当时有许多债主上门“拜访”，而这位商人正在回想自己这些年失败的原因。

商人问其中一位债主：“我为什么会失败呢？难道是我不懂得如何做生意，对客户不够热情吗？”

债主动了恻隐之心，安慰商人说：“不要把事情想得太糟糕了，你不是还有一些资产吗？其实你完全可以东山再起的。”

“你说什么？”商人有些难过地说道，“你要我从头做起吗？”

“是的，你应该把目前经营的情况列在一张资产负债表上，认真地清算一下，然后再重新做起……”债主好心劝慰道。

“你是说，我要将自己的剩余资产都核算一下，列在表格里，再把门面、地板、桌椅和窗户都重新装修一下，然后重新开始营业吗？”商人疑惑地问道。

“是的，你现在需要列出你的计划单，然后按照自己的计划行事！”债主十分坚定地说道。

“其实，早在15年前我就在想这些事情了，并且列出了一张计划表，只是由于各种原因最终没能执行罢了。我想你是对的，现在是时候去做了……”商人喃喃自语道。

后来，这位商人果然按照自己的计划单去做了，等到了晚年的时候，他的生意已经做得非常成功了。

我们前面已经说过，一个人想要在任何领域取得成功，都必须有自己的目标和计划。这就好像那些在商界很有名气的经纪人会把“没有计划”列为公司失败的主要原因一样。可是光有计划而不去执行，那最终的结局也会和没有计划一样。

所以，每一个梦想家都要学会务实，有了完美的计划就要立即付诸实际行动。如果那些伟大的计划永远只停留在脑海中，那么永远无法开出成功的花朵。相反，如果有了计划就去执行，那么终有一天会赢得胜利，荣享成功。

关于梦想和务实的故事有很多，美丽的女孩辛迪也有自己的梦想，她从小就希望自己能够成为一名电视节目主持人。

辛迪知道自己要实现这个梦想有多困难，可是她依然执着地制定了自己的计划。

那时候辛迪还没有稳定的经济收入，所以只能白天工作，晚上去大学的舞台艺术系上夜校。毕业之后，辛迪几乎跑遍了洛杉矶所有的广播电视台，可对方都以各种理由拒绝了她。

辛迪没有放弃，因为计划正在一步步地实现，她感觉自己离梦想也越来越近了。

经过一番周折，终于有一家条件很差的电视台接受了辛迪的求职申请。她在那里担任天气预报的主持人，一干就是好几年。

由于辛迪表现突出，哪怕只是主持天气预报也有自己的独特风格。最后她终于被洛杉矶电视台看中了。又过了几年，辛迪终于得到提升，成为了她梦想中的节目主持人。

而辛迪手中的计划清单，也终于全部兑现了。辛迪就是一个务实的梦想家。

哈佛的每一位学子都拥有自己的梦想，他们懂得将梦想变成现实，懂得制定自己的计划清单，并且为此付出努力。所以青少年朋友，你也应该成为一个务实的梦想家，不要让自己的“完美计划清单”变成一页空纸。

这也是一种超强的自律！因为务实，能够让我们梦想成真！

◎哈佛图书馆

爱情是大学期间一门重要的必修课，心理学家弗洛姆那本著名的《爱的艺术》一定能够对你有所帮助。弗洛姆认为，不成熟的、幼稚的爱是“我爱你，因为我需要你”，而成熟的爱是“我需要你，因为我爱你”。希望从这本书中得到追求攻略的同学往往会失望，但是如果你静下心，就可以从本书中读出爱的艺术真谛。

◎哈佛考考你

有一条公路长900米，如果在公路的一侧从头到尾每隔10米栽一根电线杆，可栽多少根电线杆？

A：82

B：76

C：91

D：102

答案：C。因为公路全长可以分成若干段，由于公路的两端都要求栽杆，所以电线杆的根数比分成的段数多1。解：以10米为一段，公路全长可以分成900÷10=90（段）。共需电线杆根数：90+1=91（根）。

世界上所有的优秀都源于自律

为什么有的人能迈入哈佛的大门，而有的人连普通大学都考不上呢？成功的秘诀究竟是什么？哈佛大学心理学教授哈尔斯说：“迈入哈佛的大门不需要凭借幸运之星的力量，也不需要拥有丰硕的家族遗产……你只需要学会并坚持自律。”确实，无论是哈佛大学，还是其他美国大学，在挑选新生的时候，都很重视学生的自律能力。

自律就是管理自己，一个能自我管理的人，是一个成熟的人，是一个对自己负责任的人。一个人要成就大事业，就不能随心所欲、感情用事，对自己的言行应有所克制，这样才能使自己的错误、缺点得到抑制，不致铸成大错。高尔基说：“哪怕是对自己的一点小小的克制，也会使人变得强而有力。”一个人要想成为能够主宰自己命运的强者，成就一番事业，就必须对自己有所约束、有所克制。

哈佛学子约翰•肯尼迪也曾经说过：“一个连自己都控制不了的人，我们的民众会放心把国家交给他吗？”一个人要想征服世界，首先要战胜自己。天底下最难的事莫过于驾驭自己，因为我们每个人心中永远存在着理智与感情的斗争。你应该有战胜自己的感情，控制自己命运的能力。如果任凭感情支配自己的行动，就会使自己成为感情的奴隶。

2008年，18岁的银川中学生杨凌被哈佛大学录取，一时间成为了银川的“小名人”。他是凭借什么被哈佛录取的呢？杨凌的老师说，杨凌是个非常自律、非常有计划性的孩子，他的时间观念强到仿佛自己是一个时钟。

邻居们甚至可以通过他的读书声来判断时间。他小时候学琴，中间休息10分钟，不多不少。他的文具盒里总是放着很多的小纸条，把什么时间做什么事情都记在上面，而且都能准确完成。

这种超强的自律能力伴随着他一路成长，在2008年末他以美国高考数、理、化满分，托福考试663分的成绩，被美国哈佛大学以全额奖学金录取。

自律对青少年来说非常重要，尤其是处在世界观、人生观和价值观形成时期可塑性很强的青少年更应该清醒地认识到，自律意识和自律能力绝不是一朝一夕养成的。“蓬生麻中，不扶自直；白沙在涅，与之俱黑”，自律的养成是社会、家庭、学校“他律”的结果。

哈佛大学的足球明星莱斯，就是一个自律能力很强的人，他勤练身体，每一天都在为攀越更高境界而准备，在哈佛足球圈里没有人像他这样有规律。

当他还在高中校队的时候，每次练习之前，高中球队教练查尔斯都规定球员以蛙跳的方式，弹跳前进一座40码高的山丘，来回20趟后才能休息。在密西西比炎热而潮湿的天气下，莱斯在完成第11趟之后就感到吃不消而打算放弃。当他打算偷偷回球员休息室时，他意识到了自己的行为。“不可以放弃，”他对自己说，“因为一旦养成半途而废的习性，你就会把它视为正常。”他掉过头来，回到练习场上完成他的弹跳。从那天起，他再也没有半途而废过。凭借着这样的毅力，他靠着足球“踢”开了哈佛的大门。

由此可见自律确实具有强大的力量。没有任何人可以在缺少它的情况下获得并保持成功。我们甚至可以说，无论一位领袖有多么过人的天赋，若不自律，就绝不可能把自己的潜能发挥到极致。那么我们该怎么做到自律呢？哈佛大学心理学教授哈尔斯给我们留下了几句箴言：

1.制订出做事的优先顺序，然后按这个顺序去做。有一句话说得好：“完成重要任务有两个不可缺少的伙伴：一是计划，二是不太够用的时间。”

2.把自律的生活方式当成目标。培养自律最佳的方式是为自己制定规则，特别是在你重视的、需要长期为之奋斗的目标上。

3.向你的借口挑战。如果想培养自律的生活方式，首要的功课之一就是破除找借口的倾向。

4.工作完成之前，先把奖励挪开。如果你缺乏自律，那么你可能就是把甜点放在正餐之前享用的那种人。

5.把目光注视在结果上。无论任何时候，只要你把注意力放到工作上，而不考虑结果和奖赏，就很容易灰心丧气。如果沉浸于其中太久，就会养成自怜的毛病。

◎哈佛图书馆

《几何原本》是古希腊数学家欧几里得的一部不朽之作，集整个古希腊数学的成果和精神于一书。其既是数学巨著，又是哲学巨著，并且第一次完成了人类对空间的认识。除《圣经》之外，国外几乎没有任何其他著作，其研究、使用和传播之广泛能够与《几何原本》相比。本书系统地总结了古代劳动人民和学者们在实践和思考中获得的几何知识，欧几里德把人们公认的一些事实列成定义和公理，以形式逻辑的方法，用这些定义和公理来研究各种几何图形的性质，从而建立了一套从公理、定义出发，论证命题得到定理的几何学论证方法，形成了一个严密的逻辑体系——几何学。

◎哈佛考考你

自画像帮你认识自己：在公园看到许多画家帮人画自画像，你心血来潮也想过过做模特儿的瘾，你会选择哪一类型的自画像？

A.水彩画或油画

B.铅笔素描画

C.俏皮逗趣的漫画

D.毛笔水墨画

结果分析：

选择A：你看起来颇严肃，好像是那种过着一成不变生活的修行者，其实你只是自有一套独特的生活哲学而已。有时人们会惊讶于你突然发作的幽默与搞笑，其实只要碰到对的人，你也会是一个健谈、乐于与人分享的人。

选择B：平常的你是好好学生的模样，但其实你的个性上是偏向固执与保守的，只是你平常在与朋友或同学互动时不那么坚持，但在某些事情上又会变得比较固执保守，甚至到了令人难以理解的地步。

选择C：你是个百分百闷骚的人，在长辈面前，总是一副正经八百的样子，其实在同学或朋友之间是大家的开心果，联谊活动的推手大多都是你，因此你外在的形象与内在的个性，简直是判若两人。如果有一天你不熟的人看到你的本性时，肯定会大吃一惊。

选择D：你给大家的感觉就像阳光一般，似乎没有什么烦恼，一直都很快乐的样子。不过了解你的人都知道，其实你不是那种会将心事挂在嘴边或表现在脸上的人，私底下的你，是会想很多且对别人的看法相当在意的人，所以你会觉得自己的人格快分裂了。

9 召唤一颗“优质螺丝钉”，优秀始于专注

哈佛大学心理学教授埃伦•兰格，在他的畅销书《专注力》开篇中曾向我们讲过这样一个故事：

现在是凌晨两点，你的门铃突然响了，你战战兢兢起床，摸索着下楼。打开门后，你看见一个男人站在眼前。

他戴着两个钻戒，穿着裘皮大衣，身后停着一辆劳斯莱斯。他为在这样一个尴尬的时段吵醒你而感到抱歉，继而解释他正在进行一个“拾荒游戏”。因为他的前妻也加入了这场比赛，所以胜利对他来说尤为重要。

他需要一块长210厘米，宽80厘米的木板，如果你能够帮助找到这样的木板，他将给你1万美元作为回报。你没法不相信这些话。毫无疑问，他相当富有。

可与此同时，你自言自语：天！上哪儿去找这样的木板？你想到了木材厂，可不知道木材厂老板是谁，事实上你连木材厂在哪里都不清楚。况且凌晨两点，就算找到也早就关门了。你内心在翻腾，可就是没有法子解决问题。

最后，你很不情愿地告诉他：“对不起，我帮不了你。”

第二天，当经过一个朋友房子的建设工地时，你看到了上述尺寸的木板：长210厘米，宽80厘米，正是一扇门的大小。原来，你当时只需把门拆下来给那位需要帮助的富翁，你就可以得到1万美元的酬劳！

可能世界上有90%的人都很难想象，一块长210厘米、宽80厘米的木板居然就是随时可见的门的尺寸。这是为什么呢？哈佛大学教授埃伦•兰格觉得，这是“缺乏专注力”的表现。

其实，何止是这个故事，可能很多青少年朋友，在学校来来回回上楼梯，走了数百遍还不知道究竟有多少个阶梯，更别说学习中经常心不在焉的经历了！其实这也就是我们为什么跟哈佛的学子还有差距的原因。

哲学家尼采曾经说过：“具有专注力的人可免于一切窘困！”只要专

注去做一件事，任何人都会有所作为。而每一个优秀的哈佛学子也都始于专注。

为什么这样说呢？回答这个问题之前，我们先做一个小实验。你将一张纸放在夏日的太阳光下，晒一整天，你会发现除了显得有些脆，纸并没有发生别的变化；第二天，你再拿一个放大镜放在纸的上方，使放大镜下的那个最亮的光点落在纸上，不一会儿，你会发现光点处的纸开始冒烟，并且逐渐燃烧起来。将所有的能量聚集在一点上，就能够产生几倍于甚至是十几倍于平常的能量，而专注者之所以成功也是这个道理。

哈佛大学心理学和神经学的科学家也发现，人的大脑只有在持续不间断地处理一件事情的时候才能发挥最佳功能，只有专注地去做一件事情才能取得最佳的效果。专注于某一件事情，哪怕它很小，努力做到最好，总会有不寻常的收获。

所以青少年应该明白：一个人如果想成就一番事业就必须专注，只有专注于一项事业，才能做出成绩。生活中最明智的事情就是精神集中，最坏的事情就是精神涣散，用心不专。一个用心不专的人，即便聪明绝顶，最终也可能一事无成。

贝多芬说："涓滴之水终可磨损大石，不是由于它力量最强大，而是由于昼夜不舍的滴坠。"是的，蜗牛虽然爬得很慢，但它永不停歇，所以它也能像鹰一样登上金字塔的顶端；蚂蚁的力气不大，但它一点一点地挪动，也能把比它体重大得多的食物搬回家。青少年应该明白，一个人的精力是有限的，如果将有限的精力同时分散在好几件事情上，就有可能一事无成，既浪费时间又浪费精力。所以，想成大事者不能把精力同时集中于几件事上，只能专注于其中之一。只有专注，他们才能将手头的工作做得更好。

◎哈佛图书馆

《查拉图斯特拉如是说》是德国哲学家尼采的一部里程碑式的作品，几乎包括了尼采的全部思想。这本以散文诗体写就的杰作，以振聋发聩的奇异灼见和横空出世的警世醒语宣讲"超人哲学"和"权力意志"，横扫了基督教所造成的精神奴性的方方面面，谱写了一曲自由主义的人性壮歌。在这本书里，尼采宣告"上帝死了"，让"超人"出世，于是近代人类思想的天空有了一道光耀千年的奇异彩虹。

◎**哈佛考考你**

为什么下水道的盖子是圆的？（这题不是考你智力，而是考你的反应能力）

____

____

答案：没有标准答案。参考答案：正方形的盖子容易掉到洞里去。想一想，如果盖子真掉进去的话，那么不是发生伤人事故，就是盖子会掉到水里。为什么正方形的盖子容易掉下去呢？这是因为正方形的对角线是其边长的约1.414倍。如果把一个正方形盖子垂直地立起来，稍微一转，它就会很容易掉到下水道里去。与此相反，圆的直径都是等长的，这使它很难掉进去。

9 优秀者的强迫症：事情做完以前，我不会离开座椅

哈佛人都懂得自律，他们在做任何事情的时候，都不会被影响。如果用哈佛教授的话来说，人生的成功根本没有什么诀窍可言，若非要找出两条，第一就是坚持到底，有始有终，第二就是当你想要放弃的时候，请回头按照第一条的方法去做——坚持到底，有始有终！

的确，人生的道路就是这样，不断跌倒又不断爬起，如果丧失了坚持的毅力，那就是一种失败。坚持到底，就像一种强迫症，在事情做完以前，绝不离开自己的座椅，如此便能成就辉煌的人生。

古希腊有这样一个有趣的故事：

那时候，古希腊著名的哲学家苏格拉底先生还在一所中学任教，一天他对自己的学生说："我们来玩一个简单的甩手游戏吧！只要你们将手使劲往前甩三百下，但是你们每天都必须这样做。"

学生们觉得这个游戏很有趣，而且很简单，于是纷纷甩起手来，并且向苏格拉底保证，一定可以做好！

一个星期过去了，苏格拉底问学生们："你们的游戏完成了么？"所有学生都举起了手。

一个月又过去了，当苏格拉底再次统计时，发现全班只剩下百分之九十的学生在坚持甩手。

就这样一年过去了，当苏格拉底再次统计时，全班却只剩下一位同学举起了手。他就是后来伟大的哲学家柏拉图。

正是由于柏拉图拥有这种持之以恒、有始有终的精神，才能在之后的生活和学习中取得巨大的成就。他的思想不仅影响了当时的人，现在仍然散发着智慧的光芒。

几乎所有的优秀者都有这样一种"强迫症"：在做完自己的事情以前，绝不会离开自己的座椅！这是一种自律，也是一种精神，无论做什么都应该有始有终。

在成长的道路上，不可能只是平坦的大道，只有那些勇于前行的人，才能最终到达成功的顶峰。青少年朋友拥有无敌的青春，就像钻石拥有许多切面，只有经过不断地雕琢，才能将最完美的人生呈现在众人面前。假如我们做事情总是半途而废，无法以坚定的步伐做到持之以恒，无法有始有终地完成手中的事情，又如何能品尝到成功的喜悦，如何沐浴到胜利的光辉呢？

爱迪生和狄更斯之所以能够取得那样的成就，也是由于他们的坚持不懈和有始有终。坚持，让爱迪生攻克了一个又一个难关，以科学成就推动了人类文明的进步；坚持，让狄更斯笔耕不缀，为世界文学宝库留下了许多精品。这便是坚持的力量！

还有两位来自瑞典的化学家，其中一位在海水中提取碘时，好像发现了一种全新的元素，不过在面对无限繁琐的实验与提炼时，他却没能坚持下来，最终选择了放弃。当另一位化学家经过几年时间的实验与提炼后发现了这种全新的元素——溴。

这两位化学家，一位懂得坚持，另一位却选择了放弃，其结果自然也各不相同了。

无论我们做任何事情，都要学会有始有终，千万不要轻言放弃，因为在最黑暗的时刻，也就是光明就要到来的时刻，只要你坚持到底，必然会见到胜利的曙光。

在哈佛，每一位学子都拥有成功者的潜质，他们懂得坚持，懂得做事情要有始有终。无论我们要做什么，肯定会遇到各种各样的问题和阻碍，这时候也只有坚持到底才能帮我们实现目标，与成功携手迈进。

青少年朋友不妨扪心自问一下：你能够坚持将一本书认认真真地看完吗？能够将书里的每一个单词、每一个句型、每一道题目都看懂吃透吗？如果你连一本书都无法读完，在以后的人生道路上又如何能够坚持到底呢？要知道，认真地读完、读懂、读透一本书，要比走马观花地看完一大堆书籍收获得更多！

做事情要有始有终，这是哈佛人的行为准则，也是他们获得成功的秘诀。因为坚持最美，有梦相随！

◎哈佛图书馆

《麦肯锡方法》是美国管理学家埃森•M. 拉塞尔的代表作，披露了麦肯锡小心守护的一系列管理技巧——那些可以帮助任何水平的任何人像麦肯锡顾问一样思考的工具。这是一套你可以应用在任何社交、实习、团队管理中的方法，像你的咨询顾问一样，为你指出通向成功的解决方案。这是从事咨询行业人的必读书，也是希望丰富管理素养、提升自身领导力的同学的良好参考。

◎哈佛考考你

思维题：家里来了客人，妈妈让吉米给客人沏茶，这时候吉米洗开水壶需要1分钟，烧水需要15分钟，洗茶壶需要1分钟，洗茶杯需要1分钟，拿茶叶需要2分钟，那么依照最合理的安排，吉米要几分钟就能沏好茶呢?

A：16分钟

B：17分钟

C：18分钟

D：19分钟

答案：C。

根据题干可知，先洗水壶用1分钟，烧开水15分钟的同时，可以洗茶壶，洗茶杯，等开水烧开后，再拿茶叶，沏茶需要2分钟，需要一共需要1+15+2=18分钟。

坚持21天，见证神奇的“习惯”力量

一位已经卸任的哈佛校长对他的学生说：“如果一个人能够养成每天读10分钟书的好习惯，那么20年后收获必然不小！”这也是对青少年朋友的教诲，说明了良好习惯在生活与学习中所扮演的重要角色。

那么，到底什么是习惯呢？书本上的解释是：在长时间里逐渐养成的，一时不容易改变的行为倾向或社会风尚。经常接触某种新鲜事物并且逐渐接受和适应，也可以称为习惯。习惯有好有坏，好的习惯是每一位成功人士必备的素质。正如著名的励志大师金克拉所说的那样：“良好的习惯是你够拥有的最好的素质，尤其在事业上。”

现代心理学研究表明，一个人只需要21天就能养成一种习惯。换句话说，一个人的习惯养成需要持续一定的时间，而这个时间心理学家推算为21天。当然，21天只是一个大概的估算，由于每个人自身情况不同，其习惯的养成时间也不一样。

我们每个人都会被习惯所左右，日常生活中，我们90%的行为都和习惯有关。因此想要养成或者改变某一种习惯，并不是一件容易的事情。

1978年，在巴黎举办了一次盛大的宴会，其中有75位诺贝尔奖获得者参加。

一位记者向这些得奖者提问：“请问，您是在哪里学到了自认为最重要的东西？”

这时，一位白发苍苍的老学者的回答却出乎众人的意料，他说：“在幼儿园里。”

记者感到很疑惑，于是又问：“那么，您在幼儿园里学到了什么呢？”

老学者回答说：“比如，有好吃的东西要和小朋友一起分享；东西用完后要放回原地，并且不能随便碰不属于自己的东西；吃饭前必须洗手，午饭后要休息一会儿，晚上应该早早入睡；如果做错了事情，要学会承担责任；平时要学会思考，多去和大自然接触……我认为，这些在幼儿园里学到的东

西就是最重要最宝贵的。”

记者被这位老学者的回答震撼到了，其他诺贝尔奖获得者也纷纷表示同意，并且给予了热情的掌声。大家都点头称道：“这就是习惯的力量啊！”

有人曾经说过：“人类的第二本性就是习惯，同时它也是人类后天的全部本性。”虽然这是从生物学的角度对习惯做出的解释，可是其中也有一定的道理。用生物学家的话来说，不断重复的习惯性行为，往往会转变为一种肌体的内在的机能和行为倾向，这是一种生物的内在本性。人们从小就接受这样一种教育、培养和训练，那就会使人每一天的神经系统的活动有利于人每一天的生活。因此，人们要做到尽可能地把一些有益的行为转变为习惯性的、自觉的行为，抵御和避免一些不利的行为。

此外，哈佛大学的心理学教授还做过一次重要的调查，研究者对1200名失败者进行深度交流，当在问及自己失败的原因时，几乎有95%的人都认为“自己失败的主要原因都归究于习惯问题”。

习惯无论好坏，都像地心引力一样无时无刻不影响着人们的生活。想要抵制坏的习惯，培养良好的习惯，关键就在于自律。其实，只要你能坚持21天，在这21天当中，每天每时每刻，你心中所想、口中所言、行为所至，都要专心扮演你想成为的人。你的每种态度，都要符合你心目中理想人物的要求。那么，21天之后你就能见证“习惯”的神奇力量了。

伟大的戏剧大师莎士比亚曾经说过：“如果今天能做到有所节制，下次就容易做到，再下次就更容易做到。因为习惯能改变人的本性。它要么能阻止人性中的邪恶，要么使其更为放纵。”作为青少年朋友，更应该严格自律，积极进取，养成勤奋好学的良好习惯。

要明白，培养良好的行为习惯，要从自己的每一个细微行为做起！

◎哈佛图书馆

《西方哲学史》是英国哲学家罗素的代表作，本书作为西方哲学史的教科书，按照我们约定俗成的划分方式，讲述的是从公元前6世纪以后到公元20世纪之前的2500多年间，西方哲学产生、形成、发展和演变的历史过程。“哲学乃是社会生活与政治生活的一个组成部分，它并非一个卓越的人做的孤立思考”，罗素对哲学史的权威论述使这部书成为每个人案头必备的哲学读本。

◎**哈佛考考你**

心理学家认为，每个人的说话方式不同，思考方式不同，兴趣爱好也不同，可是人们在日常生活所表现的一些习惯却有许多共同点。下面请选择一种最接近于自己的习惯，让心理学家分析一下，你是一个怎样的人？

A：一日三餐都很规律

B：时常熬夜到凌晨还不睡觉

C：热情好客，对人友善

D：喜欢独自在家高歌作乐

答案分析：

选A的人：从幼儿园到大学，你应该有一次获得过全勤奖，你的性情善良，为人平和，对于学习也很踏实，自律性极强。

选B的人：你的学习成绩可能很一般，平时很难集中精神去思考问题，学习的时候也容易分心，自律性较弱。

选C的人：你的性格明朗，处事圆滑，能考虑未来，珍惜现在，自律性一般。

选D的人：你是一个富于创造性的年轻人，能够在团体中出类拔萃，人缘奇佳，学习虽然不是很用心，可每次考试成绩都不会很差。

第七章

思考，永不停止对知识的渴望

热忱：哈佛学子最可怕的力量

哈佛大学教授威廉•詹姆斯说：“热忱是一股伟大的力量，它可以迅速补充你身体的精力和能力，并迸发一种达不成目标死不休的坚强意志。”的确，热忱可以改变一个人对他人、对学习、对社会及全世界的态度。热忱使一个人更加热爱生活。一个热忱的人，无论是学习或者生活，都会认为这是自己的神圣天职，并怀着浓厚的兴趣去做。不论工作多困难都会始终如一、不急不躁，而一个人如果能这样坚持去做，就会成功，达成自己的目标。

哈佛学子弗兰克原来是一名棒球球员，对棒球投入了极大的热情，也取得了很大的成绩。

但是后来，他的手臂受了伤，不得不放弃打棒球，到一家人寿保险公司当保险推销员，干了一年多也没什么成绩，因此非常苦闷。经过反复思索，觉得自己对保险推销员工作缺乏热忱，如果像当年打棒球那样，一定会做出成绩来。于是他改变自己，热忱地投入工作，很快做出了成绩，而且成绩越来越大，成了人寿保险的大红人。不但有人请他撰稿，还有人请他演讲自己成功的经验。他说：“我深信唯有热忱的态度，才是成功推销的最重要因素。”

热忱，是热爱学习、工作、生活的一种执著的感情，是一股强大的力量。如果把热忱和你的学习生活结合在一起，那么，你的学习将不会显得辛苦或单调。热忱会使你的整个身体充满活力，使你只需在睡眠时间不到一半的情况下，学习效果达到平时的2倍到3倍，而且不会感到疲倦。

当你以热忱完成你需要做的事时，你就已经形成成功的意识。正如一位哈佛教授所说：“你在这个世界上付出的热忱越多，就越能得到你想得到的东西。”

确实如此，莎士比亚凭借着热忱写下了他不朽的诗篇；维克多•雨果凭借着热忱，写出了闻名世界的《巴黎圣母院》。英国作家弗兰西斯•培根的写作大都在晚上进行。有一天晚上，当他正专注地敲打打字机时，偶尔从书房窗户望出去，看到了似乎是最怪异的月亮倒影。那是一种银灰色的影子，这是他从来没见过的。再仔细一看，才发现那是清晨太阳的倒影，而不是月亮的影子。原来已经天亮了，他已经工作了一整夜。

如果有人问我："热忱究竟是什么？"我会毫不犹豫地告诉他：热忱是学习的动力。一个学生如果对学习失去了热忱，他不仅不能取得优异的成绩，而且难以完成学业。因为当你觉得学习是为了完成任务，是为家长、老师而学，你就会觉得学习是不得不去做的"苦役"，这样的话，学习对你来说将会变得非常的枯燥乏味。

这也正是爱默生所说的："有史以来，没有任何伟大的事业不是因为热忱而成功的。"所以青少年朋友应该将热忱和学习、生活结合在一起，无论做什么都充满热忱，这样离成功就不远了。

◎哈佛图书馆

《曾国藩家书》是曾国藩的书信集，成书于清咸丰年间19世纪中叶。《曾国藩家书》记录了曾国藩在清道光30年至同治10年前后达30年的翰苑和从武生涯，近1500封。所涉及的内容极为广泛，是曾国藩一生的主要活动和其治政、治家、治学之道的生动反映。曾氏家书行文从容镇定，形式自由，随想而到，挥笔自如，在平淡家常中蕴育真知良言，具有极强的说服力和感召力。尽管曾氏留传下来的著作太少，但仅就一部家书中可以体现他的学识造诣和道德修养，从而赢得了"道德文章冠冕一代"的称誉，并成为中国封建社会最后一尊精神偶像。

◎哈佛考考你

你是天真的行动派吗？

你急着要上楼，当你赶到电梯前的时候，电梯刚好上楼去了，于是，你只好再等下一部电梯了。等待中，你会做些什么动作呢？以下的答案，请选出一个最接近的吧！

A．重复地按电梯按钮

B．走来走去

C．看电梯周围的告示板

D.低着头，无意识地看着地板

E.紧紧盯着显示电梯位置的灯号

答案分析：

选择A：天真的行动派——你是心无旁骛的行动派，一想到要做的事情就一定要立刻完成，一刻也等不得，当时机未能如愿时，就会显得有些焦躁。你对事物热衷的时候，眼里可容不下其他的事情！由于你总是显现出你的真诚与天真，反而能为你赢得信任与好感。

选择B：神经质——你有些神经质喔！你发现了吗？来回地踱着方步，陷入自己的想象世界，正是神经有些紧绷的象征。你的直觉感受度非常敏锐，常常能凭直觉就判断出事物的真相，而且对人事物的好恶落差也相当明显，你是带着艺术家气质的人，常常陷在烦恼之中。

选择C：外表冷漠——你是一个随时不忘接收资讯，充实内在的人。你并不太热衷人际关系的建立，也对人一直保持着适当的礼貌距离，外表看起来，你是给人冷淡印象的。你会将心思用在探索自己的内在领域，或是阅读更多的资讯和书籍，这就是你和所存在的世界沟通的方式了。

选择D：消极被动——你是消极而温顺的人。你总是善意地接受外来的人事物，不会有太多的反抗，即使心中有很多想法，也会顾虑太多，说不出口。你还蛮受人欢迎的，因为你总是表现得“人畜无害”的样子，所以大家还蛮喜欢跟你来往的喔！

选择E：中流砥柱——你是处世用心、谨慎的人。固守着岗位是你的坚持，即使有什么突发的状况或是不如意的事，你仍然能按着自己的步调，做自己该做的事，决不会被迷惑，自乱阵脚，可以说是中流砥柱，很值得信赖的人。

哈佛学子永远是饥饿的：不断学习，不断成长！

一群即将毕业的心理学大四学生很快就要参加最后一门考试了，他们聚集在哈佛一座教学楼前的阶梯上，正在讨论几分钟后就要开始的考试。他们的脸上显示出自信，这是最后一场考试，接着就是毕业典礼和找工作了。

有几个说他们已经找到工作了。其他的人则在讨论他们想得到的工作。怀着对4年大学教育的肯定，他们觉得心理上早有充分的准备去征服外面的世界。

他们知道即将进行的考试轻而易举。教授说他们可以带需要的教科书、参考书和笔记，只要求他们考试时不能彼此交头接耳。

他们喜气洋洋地走进教室。教授把考卷发下去，学生都喜形于色，因为学生们注意到只有5个论述题。

3个小时过去了，教授开始收考卷。学生们似乎不再有信心，他们脸上有难以描述的表情。没有一个人说话，教授手里拿着考卷，面对着全班同学。教授端详着面前学生们忧郁的脸，问道："有几个人把5个问题全答完了？"没有人举手。"有几个答完了4个？"仍旧没有任何动静。"3个？2个？"学生们变得有些坐立不安起来。"那么一个呢？一定有人做完了一个吧？"

全班学生仍保持沉默。

教授放下手中的考卷说："这正是我所预料的结果。我只是要加深你们的印象，即使你们已完成4年心理学教育，但仍旧有许多有关心理学的问题你们全然不知。这些你们不能回答的问题，在日常操作中是非常普遍的。"

"活到老，学到老。"在知识的海洋中，你的智慧只是其中的一粒沙，一滴水，我们拥有的只是一颗饥渴的心灵，要不断地用知识来安慰它。如果固步自封，就只能成为时代的弃儿。

在狼群里，有一种奇怪的现象：狼在分食食物时，一般只吃五分饱，即便有时候狼窝里有很多猎物，头狼也不会让其他狼吃饱，这是为什么呢？动物学家经过对狼的长期观察发现，头狼永远都保持一种饥饿的状态。头狼深知，让每一匹狼只吃五分饱，一来可以为狼群储存一些食物，以备不时之需；二来如果吃得太饱，在下次狩猎的时候，就可能跑不动，甚至是不想跑。因为每一匹头狼都知道，狼只有饥饿的时候才有进攻猎物的冲动。

在饥饿之中，无论是人还是动物都存在着欲望的爆发力。这种爆发力是生命强大的动力源：狼出林狩猎，鹰离开温暖的窝，人生生不息地奋斗，都是因为这样一种动力源的促使。饥饿感是生命真正的主人，推动我们像头狼一样四处“觅食”，推动我们努力去创造属于自己的生活。拥有饥饿感是幸福的，因为在饥饿的时候，平时的粗茶淡饭也一样能吃得很可口。“若你饿了，饭就好吃了”，这也许就是诠释饥饿感最好的哲言。

但随着物质生活的不断丰富，如今越来越多的人，在成长中无法尝到饥饿的滋味，所以我们也不知道食物究竟能美味到什么样的程度。其实学习也是这样，我们每个人在开学初领到新书的时候，总是想先睹为快，可是到了老师讲解的时候，或者是布置作业要深入学习时，我们却总提不起精神。其实我们就是缺乏对知识、对生活的饥饿感，所以对学习就有了严重的“厌食症”。

英国小说家乔纳森•斯威夫特说过：“为我计时的是胃，而不是钟。”是的，饥饿感才是丈量时间、丈量生命的标尺。人在生存的边缘会超常发挥自己的能量，会努力拼搏，勇于挑战自我，超越自我，带着饥饿感向前冲。生命如流水，急流只有在奔向前去的时候，才美丽，才有意义。饥饿感是一种向上的状态，往往只垂青于奋发上进的生命。所以每一个青少年都要记得像头狼一样，带着饥饿感奔跑，猎取我们毕生都用不尽的财富。

◎哈佛图书馆

《蒙田随笔》是文艺复兴后期法国人文主义最重要的代表人物蒙田的代表作。《蒙田随笔》于1580–1588年分三卷在法国先后出版。自此以后，他的作品就再也没有绝版过。到今天，世界上所有的书面语言都可以读到它。

《蒙田随笔》并不停留在前期人文主义文学高唱人的赞歌、颂扬“巨人”无穷力量的层面上，而是把目光转向了人自身的局限性，揭示人对于宇宙之渺小，信仰失落时的丑恶，人与人的陌生、隔阂与孤独。作品中表现的怀疑论思想，显示了文艺复兴后期思想家对人自身认识的深化。

◎**哈佛考考你**

你怎样将Excel的用法解释给你的奶奶听？（这题不是考你智力，你可以任意发挥想象力）

____

____

9 无论走到哪，随身携带一支笔

福特斯是当今世界时尚界最著名的设计大师，以他的名字命名的珠宝品牌已经成为时尚名流竞相追捧的奢侈品。美国的很多名流是福特斯店里的常客。据说，大卫•福特斯的50岁生日宴会曾是一场名流聚集的盛会，包括休•格兰特、伊丽莎白•赫莉在内的许多大牌明星都前来祝寿。毫不夸张地说，如果把福特斯的所有忠实客户列成名单，足以构成一本《名人录》了。

而30年前，原本学肖像画出身的福特斯并没有想到会走上今天这条道路，更没有预想到今天的成就。当初，从哈佛大学艺术学校毕业后，他在跟随老银匠艾里斯的学习过程中，对银金属和传统手工艺颇感兴趣。于是，福特斯便开始试着为身边的朋友设计珠宝首饰。后来，他自己开了一家珠宝工作室，经过一番艰辛的打拼之后，1982年，福特斯在美国创立了以自己名字命名的珠宝公司。

福特斯拥有今天的成就，首先归功于他的作品充满了艺术灵感。这当然得益于他的艺术专业出身，福特斯自己也认为他首先是一个艺术家，然后才是一个商人。他说他会经常徜徉于街道之间，自己的许多创作灵感来源于美国街道的古老建筑：教堂的古典门窗、大理石墙面以及各种博物馆的艺术氛围，都能给他带来设计灵感。

而他拥有一个保持多年的习惯，就是随身带上一支笔，以便随时记录那些一闪而过的艺术灵感。20多年来，福特斯产品的设计理念和工艺流程始终保持不变。每一件作品都是从最初的一个草图开始，而这个草图，在大多情况下，都是用他随身携带的那支笔记录下来的。身边的人曾经发现，在某个信封背面也画着一幅精美的设计图案。

随身带一支笔，在脑海里掠过一丝想法时立刻记录下来，这是许多成功人士的习惯。灵感的重要性自然不言而喻，而及时把灵感记录下来是把灵感转化为现实的关键步骤。

著名的电学专家安培，有一次正行走在法国巴黎的大街上，走着走着突然来了灵感，找遍全身的口袋却找不到记事的本子。这时，他看到了停在街边的两轮马车的后板，他灵机一动，便把马车的后板当成黑板演算了起来，最后总算及时地抓住了灵感，完成了他思虑了长时间的推导。

同样，法国化学家别奈利克发明的安全防震玻璃，在很大程度上也得益于他随手记录的习惯。1903年的一天，他在实验室做实验时，发现他的一只烧瓶摔裂出无数的裂纹，却没有掉下一块玻璃碎片，他顺手写下这样一张字条；“1903年11月，这只烧瓶从一米半高的地方摔下来，捡起来就是这个样子。”而这个字条在几年后就帮助他发明了防弹玻璃。烧瓶的偶然摔落使别奈利克产生了创造的灵感，但是发明的最后成功却得益于数年前的随手记录。

托马斯•爱迪生也懂得随时记下他的灵感的重要性，他总是随身带一个笔记本（“灵感册子”），将他的灵感、创意和观察所得逐一记录下来。这个将灵感随时记录下来的习惯也是受达•芬奇的影响，达•芬奇在其一生中创造了无数的素描、短文和随笔，他经常会用他的左手反着写下他的创意。

爱迪生或许不会用左手反写，但有一件事是肯定的——他一旦有了好的灵感就会像达•芬奇一样随时记录下来。当他才思枯竭或缺乏激情时，他就会翻看他的笔记本，以期从上面记录的图文中获得他所需要的新灵感。1931年爱迪生去世以后，人们惊讶地发现，在他的房间里保存着3500个这样的笔记本。

哈佛大学思维研究学者认为，灵感具有“四性”的特点，即简约性——似乎不必经过其他思维推理步骤便可得出结论，尝试性——结论常常出自一种假设、猜测的情境，自动性——似乎不存在着意志努力和内部紧张，独创性——它总是与解决新问题相联系。因此，捕捉灵感最简捷的方法就是及时地把它记录下来。

灵感的四性特征同时也决定灵感产生的突然性和随时随地性。无论在紧张的学习、思考时，还是在洗澡、散步、交谈、阅读、乘车、起床、蹲厕所时……都可能有创造性的“灵感”火花一闪而过，转瞬即逝。这时你可不要偷懒，必须马上记下来，以后再整理。

因此，哈佛大学的教授常跟哈佛学子说，你必须养成随身携带一支笔和一个笔记本的习惯，每当灵感来潮就随手把它记下来。俗话说，“好记性不如烂笔头”。切勿过份依赖和相信自己的记忆，因为直觉思维的“灵感”在你大脑中的闪现过程，如闪电划过夜空一样一闪即逝。它绝不同于你已反复思考成熟的某种方案，可以仅凭记忆而较长时间地得到保存。因此，“灵感”的把握和利用，必须依靠迅速及时地记录，才能够实现。

◎哈佛图书馆

《假如给我三天光明》是海伦•凯勒的代表作，书中介绍了海伦•凯勒丰富、生动、真实而伟大的一生。海伦•凯勒在书中记述——假如给我三天光明：第一天，我要看看人，他们的善良、淳朴与友谊使我的生活值得一过。我要长久地凝望我的老师，看看她的嘴巴和鼻子，以及她身上的一切。第二天，我要看光的变幻莫测和日出。看完日出，我想去探索与研究。我将奔向城市，去看看那些有名的艺术馆。第三天，我还要看日出。因为，这将是我能见到光明的最后一天。我要和普通人一样，去为了生活而奔波。

◎哈佛考考你

你的三个最大的优势是什么？

提示：优势尽量往社会公益的角度思考，成功率可能更高，但是没有也不必牵强。

____

____

____

睡前五分钟向自己提出问题

2003年6月1日的夜晚，美国凤凰城一个名叫斯蒂芬妮•梅尔的普通家庭主妇做了个梦。在梦中，她看到一位少女和一个英俊迷人的男子坐在阳光明媚的草地上谈情说爱。难以想象的是，那个男子是个吸血鬼，但他们已坠入爱河，他正向自己的恋人倾诉，尽力压抑住猎杀她的欲望，而这对于他来说非常困难。

作为一个家庭主妇，虽然毕业于英国文学专业，但梅尔在这之前没有太多写作经历，而这个梦境如此鲜明生动，她决定把它完全写下来。于是她开始写作并坚持下来，她写下了这个关于少女和吸血鬼之间由始至终的完整故事，这就是后来的《暮色》的第十三章。之后，她将其情节延续，创作了两本续集，分别为《新月》和《月蚀》。《暮光之城》系列丛书成为美国乃至全球最著名的畅销书之一，它们在美国共计已售出超过530万册，仅在过去的12个月内就达到了400万册的销量。它们合计在纽约时报畅销书排行榜上雄踞143周之久；当2007年8月《月蚀》首印时，虽然它的发行要比《哈利•波特7》还要晚了2周半，却在上市的第一天就将《哈利•波特7》挤下了畅销书排行榜的榜首。

所有的一切完全源于一个梦，是梦境赋予了女作家创作的灵感。有人说灵感是艺术家的生命，其实，不光是艺术创作需要灵感，任何杰出的事物都需要人的灵感支撑，没有灵感，就不会有许多天才的创造。而难以想象的是，许多杰出甚至伟大的人物都与梅尔有着相似的经历——灵感来源于梦境。

化学史上最伟大的成就之一——门捷列夫精心设计的化学周期表，就是在梦中发现的。门捷列夫当时为了给那些“不听话”的元素排列队伍，日夜思索，伤透了脑筋，他每天都尝试新的思路，却总是得不到满意的结果。一天夜里，已经三天三夜没有睡觉的门捷列夫实在是太困了，他离开书房去睡觉，很快就迷迷糊糊地进入了梦境。片刻工夫，他突然醒了过来，迅速拿出一张小纸片，把63个元素记录下来成为一张图表，这个图表就是化学元素周期表的雏形。据说，事后他对朋友们说，他在梦中清楚地看见了那张周期表，各种元素在表中都按它们正确的位置排列着。后来他发现，他当夜记下的周期表上，仅仅有一个地方需要修改。

这样的例子不胜枚举。

德国化学家凯库勒，1865年发表了关于苯分子六角形环状结构的论文。他自称这个伟大的结论源自坐在马车上的一个梦。梦中他看到碳链似乎活了起来，变成了一条蛇，在他眼前不断翻腾，突然咬住了自己的尾巴，形成一个环。塔尔蒂尼，意大利作曲家，他曾坦言，极富盛名的奏鸣曲《魔鬼的颤音》的创作灵感源自梦中，梦中此曲之华美是他在凡间闻所未闻的。醒后他苦苦回忆，把头脑中残留的音符记录下来，这就是后来的《G小调奏鸣曲》。该曲的最后部分有许多需要高度演奏技巧的颤音，也被冠名为《魔鬼的颤音》。笛卡儿，解析几何之父，现代哲学之父，1619年，他带着长时间思索而不得其解的问题（如何把代数与几何结合起来的问题）入睡了，一夜连作了几个梦，梦中找到了所要的答案。对此，笛卡儿后来回忆道：受梦的启示，第二天我开始懂得这惊人发现的基本原理，这个基本原理就是坐标几何的思想。路易斯•阿加西，鱼类学大师，冰川学之父，他有次困惑于一个石块中的鱼化石，接着一连三晚，他梦见那条鱼，鱼的动物学特点清晰完美，他在半梦半醒之间记录下来，隔天以草图为引凿开化石表面。当鱼完全显露出来时，竟然与草图完全一致。披头士，最著名的歌曲《Yesterday》就是保罗•麦卡特尼在梦中听到，醒来马上记下的……

中国历史上《江郎才尽》的故事，似乎是对梦中获得灵感的一种诠释。

南朝的江淹，字文通，他年轻的时候，文学成就很高，他的诗和文章在当时获得了极高的评价。可是，当他年纪渐渐大了以后，他的文章不但没有以前写得好了，反而退步不少。他的诗写出来平淡无奇，而且他提笔吟喔好久，依旧写不出一个字来。这前后的差别，据说是有渊源的。传说在江淹年轻的时候，有一天，他梦见一位长者赠他一支五色笔。从此，他写作诗文就如有神助，锦绣文章总是能够一气呵成。但到了后来，有一次江淹在冶亭中睡午觉，梦见一个自称郭璞的人，走到他的身边，向他索笔，对他说："文通兄，我的五色笔在你那儿已经很久了，现在应该可以还给我了吧！"江淹听了，就顺手从怀里取出一支五色笔来还他。据说从此以后，江淹就文思枯竭，再也写不出什么好文章了。

古人将梦中的灵感具象化成一支五色笔，这证明古人不但发现了梦中获得灵感这一现象，还试图给出一个比较合理的解释。

这到底是怎么回事呢？对于这种令人难以置信、所谓"在梦中获得灵感"的说法，现代科学家进行研究后已经解开了一部分秘密。在各种解释当中，大部分的学者都同意以下的说法：

睡眠能帮助人把新得到的知识融入原有的知识。在人类睡眠时，整个头脑仿佛像电脑似地不断进行工作，这时候既不发出信息也不接受信息，只是忙于整理自己的记忆，例如把新数据合并入旧数据，摒弃过时的资料，重新给档案加上标签等，以便将来提取时快捷省事。总而言之，人类感受到的梦，是大脑把零星截取到的资料进行有意识地分类和过滤的过程。

除了这些整理工作之外，梦还会如同彩排一样，将我们可能期待、盼望或担心会发生的事情做一次次预演。做过梦的人都有这样的经验，在梦境中，做梦者是其中的一名演员，扮演着一个角色，按照剧情的发展而演戏，而这些剧情内容，正好是他们日常生活中的内容，正好是他们日常生活中的重要事情。因此，学者认为，做梦和创意会接连形成潜意识。人们在潜意识里装满了各种创意，当专注于某一件事而刺激到潜意识时，梦里的创意就会发挥出来，然后，人们就看到了平常想不到的事情。从而在梦里获得灵感，同时也说明创意灵感会在特别重要的领域带来惊人的成果。

或许你也会有这样的体验：原本许久都想不通的问题，到第二天早上醒来时就豁然开朗了。其实就是我们在梦中得到了灵感，虽然醒来后似乎不记得梦的内容，但是灵感却保留了下来。科学研究认为，人的大脑在主人睡着的时候反而能想出绝佳的构想，是因为它没有受到外部环境的任何干扰。在没有杂七杂八的事务干扰的情况下，人的大脑思路会更加清晰，灵感就会在此刻出现。

因此，我们要推荐一种方法能促使灵感在你的睡梦中出现，那就是在睡前五分钟向自己提出问题："这个问题该怎么办呢？""我还有哪些没有解决的问题呢？""白天做的事情有什么缺陷呢？"等等。如果你养成了这个习惯，不知哪一天，灵感就会光顾你的大脑了。而且，你对人生的预知能力和控制能力也会大大提高。

◎**哈佛图书馆**

《梦溪笔谈》，北宋科学家、政治家沈括（1031—1095）撰，是一部百科全书式著作，世人称为"中国科学史上的里程碑"。该书在国际亦受重视，英国科学史家李约瑟评价为"中国科学史上的坐标"。一共分30卷，其中《笔谈》26卷，《补笔谈》3卷，《续笔谈》1卷。全书有17目，凡609条。内容涉及天文、数学、物理、化学、生物等各个门类学科，其价值非凡。书中的自然科学部分，总结了中国古代，特别是北宋时期的科学成就。社会历史方面，对北宋统治集团的腐朽有所暴露，对西北和北方的军事利害、典制礼仪的演变、旧赋役制度的弊害都有较为翔实的记载。

◎**哈佛考考你**

你对未来有一个正确的目标吗？

一串钥匙能预测你对未来的目标正不正确，赶紧做下面的测试吧！走在路上，你听到有钥匙遗落在地上，你觉得是：

A.一大串钥匙

B.两三把钥匙

C.只有一把钥匙

答案分析：

选择A：你对未来有无限的憧憬，对于生活，你认为就像一扇正要打开的窗子，有诸多可供想象的可能，但有时未免显得好高骛远，你应当按部就班地去着手实现目标。

选择B：你眼前正面临岔路口，有一个以上的目标，正彷徨着不知该先朝哪一条路迈进，建议你多听听前辈的意见再做决定。

选择C：你是个未来方向十分明确的有志之士，既然决定了目标，就勇往直前吧。

9 财商：哈佛大学受益一生的经济课

在美国等西方国家，可以说每一个正常人在3岁时就能辨认钱币，认识币值；4岁就要具备用钱买简单的用品的能力，如买画笔、泡泡糖、小玩具、小食品；5岁时就已经弄明白钱是劳动得到的报酬，并开始学挣钱；6岁时就能数较大数目的钱，开始攒钱，培养“自己的钱”的意识；7岁时就能看懂商品价格标签，并和自己的钱比较，确认自己是否有购买能力；8岁时就在银行开户存钱，并想办法自己挣零花钱；9岁时就开始制订自己的用钱计划，能和商店讨价还价，学会买卖交易；10岁懂得节约零钱，在必要时可购买较贵的商品，如溜冰鞋、滑板车等；11岁时可以对商业广告做出正确的评价，从中发现价廉物美的商品，并有打折、优惠的概念；12岁时懂得珍惜钱，知道来之不易，有节约观念；12岁以后，则完全可以参与成人社会的商业活动和理财、交易等活动。

他们从小就明白，富人之所以成为富人、穷人之所以成为穷人的根本原因就在于不同的金钱观：穷人是遵循“工作为挣钱”的思路，而富人则是主张“钱要为我工作”。正如哈佛教授对学生在强调财商的重要性时，常会告诉他们：智商可以让你聪明，但不能使你成为富有的人；情商可帮助你寻找财富，赚取人生的第一桶金。只有财商才能为你保存这第一桶金，并且让它增值。著名商人乔治•克拉森说：“财富就像一棵树，是从一粒小小的种子成长起来的。你积蓄的第一个铜板就是你财富之树的种子；你越早播种，财富之树就会越早成长起来；你越是以不断的储蓄悉心地呵护这棵树，你就可以越早地在它的树荫下乘凉。”

比尔•盖茨、李嘉诚起初也是穷人，但他们最终成为了万人景仰的富翁。他们致富的秘诀是什么呢？答案就是不断提高自己的财商。所以青少年朋友们应该时刻都像一个富人那样思考、行动，通过不懈的努力，实现自己人生的辉煌。现在我们没有“富爸爸”，没有殷实的家庭并不可怕，可怕的是，我们不懂得提高自己的财商，改变自己贫穷的思维，接受富有的思想。

哈佛大学是全球造就亿万富翁最多的大学。哈佛商学院也被喻为“总经理摇篮”，培养了微软、IBM等一个个商业神话的缔造者。哈佛之所以能在商业方面培养这么多杰出的人才，不仅仅得益于哈佛对智商、情商的教育，更应该归功于它培养和提高学生财商方面独特而行之有效的方法。

在哈佛大学，每一个经济学的学生在第一堂课上都能接触到两个概念：一是花钱要区分“投资”行为和“消费”行为；二是每月先储蓄30%的工资，剩下的才进行消费。

哈佛教授会告诉学生，投资是可以给你的未来带来收益的行为，消费则不然。简单地说，两个同学甲、乙，他们手上现在有50万美元，同学甲买了一套房子，而同学乙买了一辆名车。数年之后，同学甲的房子不断增值，现在值80万美元，而同学乙的二手车10万美元也无人问津。

当然也不排除房子有贬值的可能性。但通过这个故事我们可以看出，投资行为可以让手上的钱得以升值，而消费行为则可能让我们的钱贬值。

因此，哈佛教授引出第二个概念，就是每月先储蓄30%的工资，剩下的才进行消费。但在中国，可能不仅仅是我们的父母，还有身边的朋友认为“先花钱，能剩多少便储蓄多少”。采用这种方式到月底所能剩下的用于储蓄的钱其实并不多，但哈佛学子则按照老师的忠告，把存钱当成每月最重要的目标，只会超额完成，不能找任何借口和理由放弃目标。因此，剩下的钱就越来越多了。

世界首富巴菲特从小就践行了哈佛的这两个概念：他从6岁就开始储蓄，虽然每月只存30%。在13岁时，他就拿出3000美元买下了他人生的第一只股票，此后年年储蓄，年年投资，十年如一日。他终于在2008年超越了微软公司总裁比尔•盖茨成为了全世界最有钱的人。哈佛大学的第一堂经济学课和巴菲特的经验告诉我们，我们需要记住三句话——

第一句话：每月储蓄30%的工资，先储蓄，后消费；

第二句话：一定要投资，并且要求投资年综合回报率要在10%以上；

第三句话：持之以恒，不论是储蓄还是投资，必须坚持10年以上。

成功学大师卡耐基曾经说过：“人类百分之七十的烦恼都跟金钱有关，而人们在处理金钱时，却往往意外地盲目。”所以我们拥有高智商、高情商之后，更应该拥有高财商。从现在开始就学会理财，学会投资，为10年、20年后做一个富人时刻准备着。

◎哈佛图书馆

《国富论》是苏格兰经济学家、哲学家亚当•斯密的经济学专著，该书于1776年出版，也就是美国《独立宣言》发表的那一年。该书主要叙述了近代初期各国资本主义发展的经验，并在批判吸收了当时有关重要经济理论的基础上，就整个国民经济运行过程作了较系统、较明白的描述。自出版200多年来，无数人渴望从书中挖掘有用的东西。不仅如此，该书对于英国资本主义的发展产生了重大的促进作用，而且对世界资本主义的发展来说，恐怕没有任何其他一部资产阶级的经济学著作能与之相较。

《国富论》是现代经济学的奠基之作，也是最伟大的经济学著作。书中提出了劳动价值论，分工与专业化是经济效率之源的理论，以及“看不见的手”、经济自由主义理论等经济学概念。此书被誉为影响人类文化的100本书之一，对人类发展进程产生过深远影响的书籍。

◎哈佛考考你

你对压岁钱、零花钱是怎么使用的?

A. 利用银行的定期存款

B. 通过信托公司赚钱

C. 买股票，股票生利息

D. 利用股票或商品交易

2.你的所有钱财是怎样处理的?

A. 存在银行

B. 随身带着

C. 上交父亲

D. 上交母亲

3.假如你现在有10万元，朋友向你借10万元，你会怎么做?

A. 在有证人与借据的情况下借出，不要利息

B. 3万会借给他，10万不借

C. 每月3分利，求之不得的收益

D. 有担保人，短期会借

4.在购物时，你最注意的是什么?

A．无论如何先砍价

B．仔细听对方对价格的介绍

C．按照对方的价格付钱

D.不考虑价格问题

评分标准：选A，5分；选B，3分；选C，1分；选D，0分。

测试结果：

0～7分：你很会存钱，在经济方面是一个理论家。

8～13分：你认为钱应该在市场上流通，但在理财上应该注意。

14～17分：你非常善于支配自己的钱，对金钱驾驭能力很强。

18～20分：你可以说是一个理财高手，而且很有处理经济的才能。

第八章

超越自我，让优秀变成一种习惯

认识自己是超越自己的第一步

凯勒丰是苏格拉底非常要好的朋友，有一天，他特意跑到特尔斐神庙向神请教一个问题：世上到底还有谁比苏格拉底更聪明？

神谕曰：没有谁比苏格拉底更聪明。

凯勒丰高兴地把神谕的内容告诉了苏格拉底，可苏格拉底听后，却一脸的茫然与不安。因为苏格拉底并不认为他是最聪明、最有智慧的人。于是，苏格拉底要寻找一位智慧声望超过他的人，以反证神谕的不成立。

他首先找到一位政治家，政治家以知识渊博自居，和苏格拉底侃侃而谈。苏格拉底从中看清了政治家自以为是其实无知的真面孔。他想，这个人虽然不知道善与美，却自以为无所不知，我却认识到自己的无知，看来我似乎比他聪明一点。

苏格拉底还不满足，依然继续着他的求证。他找到了一位诗人，发现诗人吟诗作赋全是出于天赋，而诗人自以为能诌几句酸诗便可以目空一切。

接下来，苏格拉底又向一位工匠讨教，想不到工匠竟重蹈诗人的覆辙。因一技在手便以为无所不能，这种狂妄反而消弭了他所有的智慧之光。

最终，苏格拉底悟出了神谕：神并非说苏格拉底最有智慧，而是以此警醒世人——你们之中，唯有苏格拉底这样的人最有智慧，因为他真正了解自己，认识到自己的无知。

于是“认识你自己”，这句镂刻在特尔斐神庙上的名言赋予了苏格拉底满含深沉智慧的目光。而今，苏格拉底的证明则向我们开启了一扇智慧之门：许多时候，认识自己或者认识真理，都是从认识自己的无知开始的。

哈佛大学哲学系教授曾经在课堂上问过自己的学生：“假如你同时养了猫和鱼，忽然有一天你发现鱼被猫偷吃了，你觉得应该怪谁呢？”

不假思索地，几乎所有的学生都说怪猫。

教授笑着说：“猫是有责任，但除了责备猫，你更应该责备自己。因为猫吃鱼是它的本性，你明明知道猫会把鱼吃掉却不加防范，导致事故发生，所以你也是有责任的。”

人生最强大的对手不是别人，而是自己。翻阅无数成功人士的奋斗经历可以看出：他们成功的过程就是认识自我，战胜自我和成就自我的过程。兵家说：“知己知彼，百战不殆。”老子也说：“知人者智，自知者明。”由此可见认识自我的重要性。但又如古希腊谚语所讲：“最困难的事就是认识自我。”

哈佛大学第22任校长洛厄尔曾经说过：“认识自己能够做什么固然重要，但认识自己不能做什么更为重要。”在一次演讲中，他给学生们讲述了这样一个故事：

有一只秃鹰从王宫飞过，它看见金碧辉煌的王宫中有一只黄莺十分受国王的宠爱，于是就问黄莺：“你是怎么得到国王宠爱的？”黄莺回答说：“我到王宫后，唱歌十分动听，国王非常喜欢听我唱歌，于是十分喜欢我，就经常拿珍珠宝石来打扮我。”

秃鹰听了，心中很是羡慕，它想：“我也应该学学黄莺，这样说不定国王也会喜欢上我的。”于是它就飞到国王睡觉的地方，开始叫起来。正好国王在睡觉，听了秃鹰的叫声，感到十分恐怖。就叫属下去看看是什么东西在叫。属下去了回来报告说是一只秃鹰不知道为什么在叫。国王感到十分愤怒，就吩咐手下去把秃鹰抓了来，并令其拔光秃鹰的羽毛。秃鹰感到浑身疼痛，满是伤痕地回到鸟群中，它恼羞成怒，到处对别的鸟儿说：“这都是黄莺害的，我一定要报仇！”

这个故事中的秃鹰真的很可笑，它不能正确评价自己，却把责任推到别人身上。其实，每一个人都有一双能够观察世界、洞察他人的慧眼，然而“当局者迷，旁观者清”，人们总是无法认识自己的不足。因此，在日常生活和学习中，我们既要充分发现自己的长处、优点，也要认清自己的短处与不足，只有这样，才能扬长避短、把握自己，从而取得更大的进步。

◎哈佛图书馆

《伊索寓言》是古希腊、古罗马时代流传的讽喻故事，经后人加工，成为现在流传的《伊索寓言》。《伊索寓言》是世界上最早的寓言故事集，同时也是世界文学史上流传最广的寓言故事集之一。

◎**哈佛考考你**

12个球和一个天平，现知道只有一个和其他的重量不同，问怎样称才能用三次就找到那个球。13个呢？

第一问答案：

分三组：每组四个，第一组编号1—4，第二组5—8，第三组9—12。

第一次称：天平左边放第一组，右边放第二组。

第一种可能：平衡。则不同的在第三组。

接下来可以在左边放第9、10、11号，右边放1、2、3号三个正常的。

a.如果平衡，则12号是不同的；

b.如果左重右轻，则不同的在9、10、11号中，而且比正常球重。再称一次：9放左边，10放右边，如果平衡，则11号是不同的；如果左重右轻，则9号是不同的；如果右重左轻，则10号是不同的。

c.如果左轻右重，道理同b。

第二种可能：左重右轻，则不同的在1—8号中，但不知比正常的轻还是重。

第二次称：左边放1、2、5号，右边放6、9、3号。

a.如果平衡。则不同的在4、7、8中。可以称第三次：左边放4、7，右边放9、10。如果平衡，则8是不同；如果左重右轻，则4是不同；如果左轻右重，则7是不同。

b.左重右轻。则不同的在位置没有改变的1、2、6中。可以称第三次：左边放1、6，右边放9、10。如果平衡，则2是不同；如果左重右轻，则1是不同；如果左轻右重，则6是不同。

c：左轻右重。则不同的在5、3中，因为只有它们改变了原来的位置。

可以称第三次：左放5、3，右放9、10。如果左轻右重，则5是不同；如果左重右轻，则3是不同。

第三种可能：左轻右重，道理同B。

至此，不论发生任何情况，称三次都可以找出不同，而且知道比正常的轻了还是重了。

go,go,go——进取心是“必修课”

有一天，杰克去哈佛大学拜访毕业后多年未见的老师。老师见到杰克就询问他的近况。

这一问，引发了杰克一肚子的委屈。杰克说：“我对现在做的工作一点都不喜欢，与我学的专业也不相符，整天无所事事，工资也很低，只能维持基本的生活。”

老师很吃惊，在哈佛的时候，杰克可是优等生，为什么会这么呢？于是问：“你的工资如此低，怎么还无所事事呢？”

“我没有什么事情可做，又找不到更好的发展机会。”杰克无奈地说。

“其实并没有人束缚你，你不过是被自己的思想抑制住了，明明知道自己不适合现在的位置，为什么不去再多学习其他的知识，找机会自己跳出去呢？”老师劝杰克说。

杰克沉默了一会说：“我运气不好，什么样的好运都不会降临到我头上的。”

“你天天在梦想好运，而你却不知道机遇都被那些勤奋和跑在最前面的人抢走了。你永远躲在阴影里走不出来，哪里还会有什么好运。”老师郑重其事地说，“一个没有进取心的人，永远不会得到成功的机会。”

没错，哈佛大学教授曾说过，进取心是一种极为难得的美德，它能驱使一个人在不被吩咐应该去做什么事之前，就能主动地去做应该做的事。

她出生在一个不幸的家庭，母亲吸毒染上了艾滋病而精神崩溃，父亲酗酒进了收容所，外公又不肯收留她，她只好流浪街头。但最后因为进取心的驱使，她的人生发生了巨大的改变。

她说：“我父母都是嬉皮士。当20世纪80年代到来时，我已经出生了，他们也从跳跳迪斯科演变成吸毒。”

她经常说她很爱她父母，她父母也很爱她。她还说，她父母其实非常聪明，只是由于毒瘾和由此引起的贫困才使他们没有能力教养她们姐妹。她记得她母亲曾偷过她过生日的钱，卖过电视机，甚至在感恩节的时候把教堂给他们的一只火鸡也卖掉，只为了凑钱搞一点可卡因。她总是满身虱子出现在学校，因为身上的异味和衣衫褴褛而被人欺负，最后辍学了。

她母亲的名言是“总有一天，生活会变好的”，然后她一整天的时间或者用来呕吐然后被女儿照顾着，或者继续沉湎，臂膀上布满针孔痕。

她15岁时，母亲患上了爱滋病，很快就过世了，之后被葬在别人捐献的一个木箱子里，而她自己就开始流落街头。

后来她顿悟。“就像我妈妈以前那样，我总是对自己说，‘有一天我会搞定我的生活的’。可当我见到我妈妈直到死还是没能实现自己的梦想时，我明白了，我做出改变的时间要么是现在，要么就永远不可能了。”她说。

于是，她以非凡的毅力开始了刻苦的学习。17岁到19岁，两年的时光，她学习掌握了高中四年的课程，每门学科的成绩都在A以上。作为奖励，她以全学校第一的成绩和其他9名同学获得了免费到波士顿的哈佛大学参观的机会。

1996年，上帝让一个付出努力和艰辛的女孩收获喜悦，她的经历、她的真诚、她的论文深深打动每一位评委。12000美金的纽约时报一等奖学金，让她获得了进入哈佛的通行证。

她是畅销书作家《风云哈佛路》的作者莉丝•默里。父母吸毒、8岁开始乞讨，15岁母亲死于艾滋病，父亲进入收容所，然而17岁开始用2年的时光学完成高中4年课程，获得1996年纽约时报一等奖学金进入哈佛学习。她是怎么做到的呢？

答案很简单——进取心！进取心是一个人成功最重要的因素之一。美国成功学大师拿破仑•希尔研究了美国最成功的500个人的生平，还结识了其中的许多人。他发现这些人的成功故事中都有一个不可缺少的元素，这就是强烈的进取心。这些人即使屡遭失败但仍旧十分努力。在他看来，只有能克服不可思议的障碍及巨大的失望的人才能获得巨大的成功。

◎哈佛图书馆

《基督山伯爵》是法国作家大仲马的杰出作品。主要讲述的是19世纪一位名叫爱德蒙•堂泰斯的大副受到陷害后的悲惨遭遇，以及日后以基督山伯爵身份成功复仇的故事。故事情节曲折生动，处处出人意料。急剧发展的故事情节，清晰明朗的完整结构，生动有力的语言，灵活机智的对话，使其成为大仲马小说中的经典之作，具有浓郁的传奇色彩和很强的艺术魅力。

◎**哈佛考考你**

如何在9个点上画10条直线，要求每条直线上至少有三个点？

____

____

____

答案：如果10条直线上每条线至少3个点，总共需要40个点（不考虑重合的情况）。说明9个点上每个点至少有3或4条直线通过。细分为：有3个点被4条直线通过，6个点被3条直线通过，这样3*4+6*3=40即满足条件。

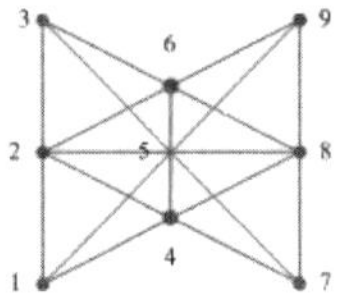

有时，你欠缺的只是自我挖掘的精神

“一个人尚未成功不是因为他没目标、没梦想、没自信、没教练，而是因为他不知道自己的潜力有多大。可能我们无法成为巨星，但我们的潜力足以让自己成为我们曾经仰视的人！”这是一个哈佛的教授朋友，向我推荐电影《Facing the Giants》（《面对巨人》）时说的一句话。朋友说，虽然这是一部宗教味很浓的片子，但无论是在哈佛的课堂上，还是在日常生活中，他都会向身边的朋友推荐，这部片子确实太震撼了。听了朋友对这部影片的一番赞誉之后，我迫不及待将这部电影看完。确实太震撼人心了。

影片讲述的是，橄榄球教练为了提振队员的信心及勇气，面对即将到来的对战西景队的比赛。教练专门对心态消极的选手布洛克进行了一次特殊的“死亡爬行”训练。“死亡爬行”是橄榄球训练中的一个重要项目，规则是让每一个训练的队员，做爬行的姿势，背起自己的队友，队友和你背对背，然后向前爬行，但前提是膝盖不能着地。

教练让队员做完一次“死亡爬行”训练后，让布洛克再做一次，而且让他完成50码（1码=0.9144米），也就是将近50米的距离。当时其他队友都在纷纷议论说教练一定在开玩笑，这绝对是不可能的事，因为30码都不可能实现！但是结果却出人意料……

开始“死亡爬行”的时候，教练先把布洛克的眼睛蒙上，让他背着体重160磅（相当于140斤）的队友，开始出发！由于眼睛被蒙住，什么也看不见，所以他一会左晃一会右晃，但是教练却很耐心地指引他，就这样，快到20码的地方，布洛克有点坚持不住了，教练严声厉色的告诉他：别理会20码，你要尽全力继续。你的本事不只如此，你要继续走，不到筋疲力尽别放弃……

继续！继续！继续！

显然，到了布洛克的极限，他已经坚持不住了，但是教练没有放弃，依旧鼓励着……

膝盖不要碰地！继续努力！不要放弃！

继续努力！要尽全力！

尽全力！布洛克！对了！对了！对了！

就这样，教练一直喊着，布洛克拼命爬着，他也不知道爬了多远，很累很累……

此时，场上的所有队友都感到不可思议而站了起来！

最后，他终于趴下了，实在挺不住了，于是趴在地上哭着对教练说：一定到50码线了！一定有50码！我没力气了！

这时，教练摘下了他眼前的布，语重心长的说：看吧，布洛克，你已经到底线了，也就是全场110码！远远超过了布洛克心理预期30码的3倍之多！

背着一个160磅（140斤）的人，他走完了长度约为110码（100米）的球场。在这过程中他的教练，喊了13次“对了（就是这样）！”喊了5次“加油！”喊了23次“别放弃！”喊了3次“不要停！”喊了48次“继续！继续！”布洛克爬行了超心理预期3倍之多的距离！所以说人体内都存在着巨大的潜能，每个人都能成就不朽的事业。

而且潜能与年龄、智力无关，它储存在你的身体里，只要你肯去开发，在任何年龄段都能助你成功。所以，即使自己目前的状况无比恶劣，也绝不能归结是与生俱来的，说什么“我天生就是比别人笨”，“我天生注定没有别人优秀”。

曾经的哈佛学子爱默生说过：“蕴藏于人身上的潜力是无尽的。他能胜任什么事情，别人无法知晓，若不动手尝试，他对自己的这种能力就一直蒙昧不察。”他为此强调说：“一个人应当更多地发现和观察自己心灵深处那一闪即逝的火花，不只限于仰视诗人、圣者领空里的光芒。”所以无论成绩优异的学生还是成绩普通的学生，只要你相信自己，相信自己有巨大的潜能，你就能取得巨大的成功！

◎哈佛图书馆

《渴望生活——梵高传》是美国传记作家欧文•斯通的代表作。梵高一生连素描在内一共画了1700多幅画，生前却只卖出一幅，现在他的作品拍卖动辄上亿，梵高的遭遇真的是让人感叹。

◎**哈佛考考你**

曾经对你影响最大的人是谁?

提示：最好说一位你过去的老师，或者是你最崇拜的偶像，然后简短地准备几句，说明原因。

---

9 超越自己，不仅仅在学习，还要在兴趣

前些年有一部叫《律政俏佳人》的电影，在美国非常火爆。电影中一个美貌的金发姑娘，因为心上人在哈佛法学院上学，于是她也立志要考上哈佛法学院。她除了参加必要的考试外，还录制了一部录像片，讲述自己有什么特点，为什么觉得自己可以被录取。姑娘还穿着比基尼，在游泳池里录了这盘录像，哈佛的面试官看到了之后大感意外，于是这个女生顺利进入法学院。

哈佛在录取新生时关注的焦点：一个学了很多知识的学生是否还具有创造性；他们是否有旺盛的好奇心和动力去探求新的领域；除了学习本专业的知识，学生是否关心其他领域的东西，是否有广泛的兴趣。当然，学科不一样，要求也不一样，比如商学院就特别注重学生的领导能力。

曾经有一个台湾女孩SAT(哈佛学术能力评估考试，用于甄选奖学金申请人，分英语和数学两科，总分1600分)得了1600分，但是遭到哈佛拒绝。女孩的母亲非常愤怒，质问学校。学校礼貌地做出解释，说她的女儿除了1600分之外什么都没有。言下之意就是SAT不是进入哈佛的万能钥匙。影响招生决策的因素还有很多，如课外活动等等。

课外活动是你能否被哈佛大学录取的极其重要的因素。除了在校成绩，招生人员还希望知道你其他活动能力是否优秀，例如运动、音乐等等。

所以超越自己，不仅仅是在学习方面，更重要的是还要有广泛的兴趣爱好。

国际外交舞台上的一代巨星亨利•基辛格也是哈佛大学的骄子。基辛格报考大学时共申请了三所学校——位于马萨诸塞州的哈佛大学、位于新泽西州的普林斯顿大学和位于纽约市的哥伦比亚大学，但三所大学都录取了他，他是怎么做到的呢?

基辛格在入学申请中填写的业余爱好是“写作、古典音乐和现代文学”，最喜欢的体育活动是“足球和棒球”。

确实，基辛格自小酷爱足球，他在1986年世界杯赛期间为《洛杉矶时报》撰写的一篇文章里说，自己在德国老家费尔特时，宁肯站两个小时看足

球比赛，也不愿意待在没有风吹雨打的室内欣赏歌剧或者参观博物馆，这让他父亲颇为“绝望”。但是谈到体育，滔滔不绝，这也成为了他进入哈佛大学的敲门砖之一。

可能说到这，很多青少年朋友都会纳闷，为什么哈佛如此喜欢具有广泛兴趣爱好的学生呢？因为哈佛需要一个健全的人，而一个健全的人，拥有各方面的兴趣则是前提。兴趣可以让一个人获得全面、广博的知识，可以在人际交往中增加许多相同的话题，还可以为生活增添许多的情趣。

所以不妨从今天开始，拓展自己的兴趣爱好，努力把自己塑造成一个全面发展、兴趣广泛、一专多能的好少年，哈佛自然就离你不远了！

◎哈佛图书馆

《苏菲的世界》是挪威世界级的作家乔斯坦•贾德的代表作，也是20世纪百部经典著作之一。本书以小说的形式，通过一名哲学导师向一个叫苏菲的女孩传授哲学知识的经过，揭示了西方哲学发展的历程。由前苏格拉底时代到萨特，以及亚里士多德、笛卡儿、黑格尔、祁克果、柏拉图等人的思想都通过作者生动的笔触跃然纸上，并配以当时的历史背景加以解释，引人入胜。它不仅能唤醒人们内心深处对生命的敬仰与赞叹、对人生意义的关心与好奇，而且也为每一个人的成长——使生命从混沌走向智慧、由困惑进入觉悟之境，挂起一盏盏明亮的桅灯。

◎哈佛考考你

在一天的24小时之中，时钟的时针、分针和秒针完全重合在一起的时候有几次？都分别是什么时间？你怎样算出来的？

答案：24次。注意是24小时不是12小时。首先考察时针与分针的情况，很容易看出分针转一圈与时针只重合一次，就是一小时一次。但11时与0时的分钟区内共享一个重合点，所以只有24次。

9 别怕！成功的门都是虚掩的

哈佛心理学教授通过研究发现一个十分有趣的现象：人们在做某件事情之前，首先会对自己形成一种心理暗示，比如将一块宽30厘米、长10米的木板放在地上，人们通常都能够轻易地从上面走过去，但如果把这块木板放在高空中，许多人就会因为恐惧而不敢迈步。这时人们往往会在心中进行自我暗示：我会掉下去。在这样的暗示作用下，他们会感到恐惧，害怕自己真的会掉下去，虽然并没有发生，但是，他们内心还是会隐隐不安。

事实上，很多看似闯不过的难关，只需要全力以赴地往前冲，就可以成功地迈过那道坎儿。

1968年，在墨西哥奥运会的百米赛道上，美国选手吉•海因斯撞线后，指示灯立刻指出9.95的字样，全场轰动，海因斯也摊开双手自言自语说了一句话。这一情景通过电视向全世界转播，可是由于当时他身边没有话筒，谁也不知道他到底说了句什么话。

1984年，洛杉矶奥运会前夕，一个叫戴维•帕尔的记者在回放墨西哥奥运会的资料片时，再次看到海因斯的镜头。他想，这是人类第一次在百米赛道上突破10秒大关，海因斯在看到纪录的那一瞬一定说了一句不同凡响的话。这一新闻点竟被那上千名记者给漏掉了，实在是一大遗憾。于是他决定去采访海因斯，问他到底说了句什么话。

当记者提起16年前的事时，海因斯想了想笑着说："我说，上帝啊，成功那扇门原来虚掩着！"谜底揭开后，海因斯又继续说："自欧文斯1936年创下10.03秒的百米赛纪录后，医学界的权威们断言，人类的肌肉纤维所承载的运动极限不会超过每秒10米。大家都相信这一说法，但我想即使无法突破10秒，我也应该跑出10.01秒的成绩。于是，我每天都以自己最快的速度跑50公里。当我在墨西哥奥运会上看到自己9.95秒的纪录后，我惊呆了，原来10秒的这个门不是紧锁着的，它虚掩着，就像终点那根横着的绳子。"

海因斯道出了一个非常简单又十分重要的道理：百米赛10秒的门是虚掩

着的，这个世界上有无数的门都是虚掩着的，尤其是成功之门。

但要推开这虚掩的门也并不是那么轻而易举的，成功之门固然是虚掩的，并非谁都能推开。要推开虚掩的成功之门，首先要有勇气，要敢想敢干，敢冒风险，打破常规。许多成功之门之所以对我们紧闭着，其实并不是推不开，而是我们可能连想都没想过，更别说试一试。譬如，“落体的速度与落体的重量成正比”——上千年来，人们都对古希腊亚里士多德这条定律深信不疑，可伽利略就敢于提出怀疑，并进行了著名的比萨斜塔的实验，于是，勇气和胆识帮助他轻轻地推开了成功之门。反之，被困难吓倒的人、不敢冲击禁区的人、墨守成规的人、畏首畏尾的人，是永远无法推开成功之门的。

要推开虚掩的成功之门，必须经过坚持不懈的努力。海因斯推开10秒的大门只是一瞬间的事，可是为了这一瞬间的突破，他却付出了极大的努力。他曾数年每天坚持以最快的速度跑50公里，比别的运动员的运动量大得多，所以成功之门被他推开而不是别人并非偶然。

迈克尔•菲尔普斯（Michael Phelps），在2008年北京奥运会上，这位生于1985年6月30日的巨蟹座大男孩，没有给任何人任何机会，拿下了所参加的全部项目的金牌。他被人们称为“外星人”，在泳池中的辉煌无人能及。

菲尔普斯认为他的成功很大部分要归功于训练。从高中毕业后，大多数时间他都是从早晨7点开始长达2个半小时的训练，中餐后稍稍打个盹，然后接着游，从下午3点半游到6点。他每天游的距离多达12英里，对于游泳运动员而言，这是一个非常大的强度。23岁的菲尔普斯每周要训练30个小时，基本上每天要消耗12000卡路里。

教练鲍曼是依照他的身体特点来塑造菲尔普斯的。菲尔普斯有非常长的躯干，他的脚踝和肩有很好的灵活性，臂展也很长，还有非常好的水性——幸亏他没有强迫自己成为一名足球运动员，而是选了一条更合适的路。鲍曼对菲尔普斯的先天条件很是满意，对弟子的喜爱溢于言表。

他被菲尔普斯称之为“训练疯子”。鲍曼喜欢在训练课里玩很多令人痛苦的新花招。例如低氧呼吸训练，也就是憋气游，每游一圈只能在特定的时候和地方抬头换一次气，然后再游。菲尔普斯很不喜欢这一套，他觉得这太可怕了，在泳池里游了20个来回后，勉强爬上出发台，脑袋就像被人打了几拳那样晕头转向，站都站不起来。菲尔普斯的妈妈在他只有7岁大的时候就天天陪他训练，每天像准时上班一样出现在训练场。

菲尔普斯备战北京奥运会前的训练则堪称“魔鬼训练”。美国游泳队安扎在科罗拉多的海拔1800米地方的训练营，鲍曼带领几个弟子在那里训练。在那段日子里，菲尔普斯和他的队友们要在24天里完成70次训练。虽然是挑战身体极限的高强度，但是正是这种极限训练方法，让菲尔普斯一步步走向成功。

要推开虚掩的成功之门，还需要有正确的方法。海因斯和菲尔普斯的成功，也得益于科学的训练和正确的方法。爱因斯坦有个著名的公式：成功=艰苦的劳动+正确的方法+少说空话。这就是说，要想获取成功，除了敢想敢干，坚持不懈，还必须尊重科学，遵循规律，方法得当，循序渐进，以深厚的知识底蕴为基础，以实事求是的科学态度为保证。

大家都渴望能推开成功之门，实现人生辉煌，要推开虚掩的成功之门，我给大家推荐一个秘方：把“敢想敢干的抱负”放到“不懈努力”的锅中，用“坚韧不拔”的小火炖熬，再加上“正确方法”做调味料，你们就一定能获得命运女神的青睐，顺理成章地推开那扇虚掩的成功之门。

◎哈佛图书馆

《复活》是列夫•托尔斯泰的代表作之一。本书取材于一件真实事件，主要描写男主人公涅赫柳多夫引诱姑妈家女仆马洛斯娃，使她怀孕并被赶出家门。后来她沦为妓女，因被指控谋财害命而受审判。男主人公以陪审员的身份出庭，见到从前被他引诱的女人，深受良心谴责。他为她奔走伸冤，并请求同她结婚，以赎回自己的罪过。上诉失败后他陪她流放西伯利亚。他的行为感动了她，使她重新爱他。但为了不损害他的名誉和地位，她最终没有和他结婚而同一个革命者结为伉俪。

◎哈佛考考你

想象你站在镜子前，请问，为什么镜子中的影象可以颠倒左右，却不能

颠倒上下？（这题不是考你智力，而是考你的反应能力）

____

____

答案：“眼睛是左右长着的。”如果考官要求给出更加合理的解释，就对他说：“如果您对此问题有更多疑问，请与它的供应商（或者与它的发明人）联系”。

第九章

哈佛人成大器的秘诀——永远保持微笑和冷静

9 在任何情况下，都请保持微笑

哈佛大学心理学教授兰伯特说：“微笑是一种含义深远的肢体语言，当你向别人微笑的时候，就仿佛是在对他说：‘你好啊，朋友，我喜欢你！’这可以带给别人愉快的心情；微笑也可以融化人们之间的陌生与隔阂；可以使别人在看见你的第一分钟起，就产生一种信任的感觉；微笑还可以鼓励对方的信心，融化人们之间的陌生和隔阂。”所以，真诚的发自内心的微笑会帮我们打开友谊之门，帮助我们建立和谐的人际关系。有了更加和谐的人际关系，我们的自信心就会得到很大的鼓舞。

弗莱奇在他的澳本海默和卡林公司的一则圣诞节广告中，是这样评价微笑的，下面是这则广告的全文：

微笑在圣诞节的价值：

它不花费什么，但创造了很多成果。

它使接受它的人满足，而又不会使给予它的人贫乏。

它在刹那间发生，却会给人永远的记忆。

没有人富得不需要它，也没有人穷得不拥有它。

它为家庭创造了快乐，在商界建立了好感，并使朋友间感到了亲切问候。

它使疲劳者得到休息，使沮丧者看到光明，给悲伤的人带来希望。

但它却无处可买，无处可求，无处可偷，因为在你给予别人之前，它没有实用价值。

假如在圣诞节最后一分钟的匆忙购物中，我们的店员累得无法给予你一个微笑时，我们能请你留下一个微笑吗？

因为，不能给予别人微笑的人，最需要别人的微笑。

因此，哈佛大学教授常给学生们说，给人留下良好印象的简捷方法是：微笑。

美国某公交公司有一名黑人司机。他在公交公司开了6年的车，他并不富有，但他是个快乐的人，他愿意把他的快乐传递给他人。他每天都在车上唱歌，唱大家熟悉的歌曲。尽管唱得不好，不够水准，甚至唱错歌词，然而他却依然激情地唱。偶尔他会讲一两个笑话，他有办法使坐他车的人都笑起来，快乐起来。他把他的快乐情绪传递给所有的乘客。乘客在坐车的过程中能享受他的歌声，他的快乐。整条公交线上的乘客都爱坐他的车。后来，有许多乘客专坐他的车，别的车不坐。

励志大师卡耐基先生也曾讲过这样一个关于微笑的故事：

威廉•史坦哈是纽约证券股票公司市场的成功职员，他说他年轻的时候是个讨人嫌的家伙，脸上没有微笑，不受人们的欢迎。

后来他自己决定，必须改变他的态度，他决心要脸上展现开朗的、快乐的微笑。于是，在第二天早上梳头时，他对着镜子中满面愁容的自己下令说："比尔，你得微笑，把脸上的愁容一扫而光；现在立刻开始，微笑。"于是，威廉.史坦哈转过身来，跟他的太太打招呼："早安，亲爱的。"同时对她微笑，她怔住了，惊诧不已。史坦哈说："从此以后你不用惊愕，我的微笑将成为寻常的事。"

过了两个月，史坦哈每天早上都对妻子微笑。结果怎么样呢？改变了他的生活！两个月中他的家所得的幸福比以往一年还要多。

现在，史坦哈对大楼的电梯管理员微笑，对木楼门廊里的警卫微笑，对地铁的出纳小姐微笑。当他在交易所时，对那些从未见过他的人微笑。于是他发现每一个人都对他报以微笑。

史坦哈带着一种轻松愉悦的心情去同一些满腹牢骚的人交谈，一面微笑，一面恭听。过去很讨人嫌的家伙，变成了受人欢迎的人；过去很棘手的问题，现在变得容易解决了。

微笑，给史坦哈带来了许多的方便和更多的收入。现在，他发现以前同别人相处很难，现在可完全相反，他学会赞美、赏识他人，努力使自己用别人的观点看事物。从此他快乐、富有，拥有友谊与幸福。

所以不要告诉我你什么都没有。记住：微笑能带来财富，微笑是你的最大优点。拥有微笑你就拥有一切！

◎**哈佛图书馆**

《共产主义宣言》是卡尔•马克思和弗里德里希•恩格斯为共产主义者同盟起草的纲领，国际共产主义运动第一个纲领性文献，马克思主义诞生的重要标志。由马克思执笔写成，1848年2月在伦敦第一次以单行本问世。宣言第一次全面系统地阐述了科学社会主义理论，指出共产主义运动已成为不可抗拒的历史潮流。

◎**哈佛考考你**

你了解自己的优点吗？了解自己的优点可以扬长避短，发挥自己的特长和个人魅力。了解自己的优点可让自己更自信，从而发挥得更好，展现得更好。那么如何来了解自己的优点呢？不妨来做一个小测试。下面有六种状况设定，请从中选择一种你觉得最无法忍受的。

A.不遵守约定

B.欺善怕恶

C.虚伪做作

D.欺负小动物

E.对老人、小孩不友善

F.混黑道

结果分析：

选择A："责任感"必胜。你非常注重人与人之间的信赖关系，会努力遵守约定，答应别人的事也一定会做到，就算发生麻烦也会尽力解决。这样的你，当然是大家最欣赏的人。

选择B："耐力"必胜。你是属于"路遥知马力"的类型。年纪越大，你的这项优点就越会获得赞扬。你总是默默地耕耘，把一件明知不可能的任务顺利完成，大家都会对你甘拜下风。

选择C："诚实"必胜。诚实、正直是你最大的特色，相对于用谎言来包装自己，你更希望以真实的自我来获得周遭的肯定。你那表里如一的坚持，会让大家对你的信任感与日俱增。

选择D：“正义感”必胜。即使要你牺牲自己，你照样会义无反顾地选择仗义执言。因此，你的正义感总是为你带来许多人的友谊，你那铲奸除恶的精神更为你赢得众人的赞赏与信赖。

选择E：“同情心”必胜。你的同情心非常旺盛，看到需要帮助的人和事，就会忍不住想要贡献自己的力量。拜你所赐，许多人都是因你而获得无上的快乐，这个社会也因你而变得更祥和。

选择F：“同理心”必胜。你总是可以设身处地为周围的人着想，你的协调性、自我约束能力都很强。跟你相处，大家总是可以无后顾之忧，你的善解人意更让人时时刻刻都想亲近你。

9 管理坏情绪——它是个小恶魔

在日常生活中，每个人都会遇到这样那样的负面情绪，无时无刻不在受着情绪的影响。然而有什么样的情绪，就有什么样的生活。如果我们任由坏情绪发泄，它将会不断吞噬我们的幸福，成为人生的负担。

确实，正如哈佛大学心理学教授泰勒所说，坏情绪不仅是成功的大敌，更是身体的大敌，学会掌控情绪，学会改变坏心情，才能改变现状。

鲁西是一个脾气很暴躁的孩子。他常跟别人打架，同学们都不愿意跟他交朋友，老师们也都不喜欢他。就连亲戚邻居都把他视作“眼中钉”。一天，他的父亲给了他一包钉子，要求他每发一次脾气就必须用铁锤在他家后院的栅栏上钉一颗钉子。

第一天，鲁西一共在栅栏上钉了37颗钉子。过了几个星期，由于鲁西学会了控制自己的愤怒，他每天在栅栏上钉钉子的数目逐渐减少了。

鲁西发现控制自己的脾气比往栅栏上钉钉子更容易一些。鲁西变得不爱发脾气了。他把自己的转变告诉了父亲。父亲建议说：“如果你能坚持一整天不发脾气，就从栅栏上拔下一颗钉子。”经过一段时间，鲁西终于把栅栏上的所有钉子都拔掉了。

父亲拉着鲁西的手来到栅栏边对他说：“儿子，你做得很好。可是，现在你看一看，那些钉子在栅栏上留下的小孔再也不会消失了，栅栏也永远不会是原来的样子了。当你向别人发过脾气之后，你的言语就像这些钉子一样，会在人们的心中留下疤痕。你这样做就好比用刀子刺向别人的身体，然后再拔出来。无论你说多少次对不起，那伤口永远都会存在。其实，口头对人造成的伤害与伤害人们的肉体没有什么两样。而你，却没有重新选择的机会。”

现在，青少年朋友正处于一个特殊的年龄阶段，无论是学习还是生活中都会遇到诸多问题，而且青少年朋友“血气方刚”，加上社会经验不够丰富，自我克制的能力也不强，所以很容易产生诸多不良的情绪。

那么青少年朋友到底应该如何管好自己的情绪呢？哈佛大学心理学教授泰勒说，其实有烦恼不可怕，可怕的是没有识别烦恼的思想和去掉烦恼的方法。同时泰勒教授也为青少年朋友总结了很多处理来自生活中方方面面的坏情绪，以及教你掌控好自己情绪的方法：

一、意识控制

当愤愤不已的情绪即将爆发时，要用意识控制自己，提醒自己应当保持理性，还可进行自我暗示：“别发火，发火会伤身体”。

二、自我鼓励

用某些哲理或某些名言安慰自己，鼓励自己同痛苦、逆境作斗争。自娱自乐，会使你的情绪好转。

三、语言调节

语言是影响情绪的强有力工具。如你悲伤时，朗诵滑稽的语句，可以消除悲伤。用“制怒”、“忍”、“冷静”等词语自我提醒、自我命令、自我暗示，也能调节自己的情绪。

四、环境制约

环境对情绪有重要的调节和制约作用。情绪压抑的时候，到外边走一走，能起调节作用。心情不快时，到娱乐场做做游戏可以消愁解闷。情绪忧虑时，最好的办法是去看看滑稽电影。

五、自我安慰

当一个人追求某项目标而达不到时，为了减少内心的失望，可以找一个理由来安慰自己，就如狐狸吃不到葡萄说葡萄酸一样。这不是自欺欺人，偶尔作为缓解情绪的方法，是很有好处的。

六、情绪转移

当火气上涌时，有意识地转移话题或做点别的事情来分散注意力，便可使情绪得到缓解。打打球、散散步、听听流行音乐，也有助于转移不愉快情绪。

七、适当宣泄

遇到不愉快的事情及委屈，不要埋在心里，要向知心朋友或亲人诉说出来或大哭一场。这种发泄可以释放内心郁积的不良情绪，有益于保持身心健康，但发泄的对象、地点、场合和方法要适当，避免伤害别人。

八、学会幽默

幽默是一种特殊的情绪表现，也是人们适应环境的工具。具有幽默感，可使人们对生活保持积极乐观的态度。许多看似烦恼的事物用幽默的方法对付，往往可以使人们的不愉快情绪荡然无存，立即变得轻松起来。

九、走进自然

大自然的奇山秀水常能震撼人的心灵。登上高山，会顿感心胸开阔。放眼大海，会有超脱之感。走进森林，就会觉得一切都那么清新。这些美好的感觉往往都是良好情绪的诱导剂。

◎哈佛图书馆

《梦的解析》是奥地利著名心理学家西格蒙德•弗洛伊德的代表作，被誉为改变人类历史的书，是精神分析理论体系形成的一个重要标志。该书在作者生前就再版了8次，先后被翻译成多种文字，一直经久不衰，与达尔文的《物种起源》、哥白尼的《天体运行论》并称为导致人类三大思想革命的经典之作。

◎哈佛考考你

测试你的潜力和缺点：假设你正准备离开目前的工作环境，另寻一个理想的新工作，当你打开报纸求职栏上刊登的广告时，哪一种工作会较吸引现在的你，让你跃跃欲试？

A.电视、电台播报记者

B.服饰采购的单帮客

C.服装、室内设计师

D.文字编辑

E.服饰店销售人员

答案分析：

选择A：你是个十分活泼好动的人，喜欢让人对你行注目礼，大至国家大事，小至鸡毛蒜皮小事，只要你觉得有趣，你都会以你“独特”的方式宣扬出去。在别人眼中你是个保不住秘密的人，也就是人称的“大嘴巴”，因此你要知道的是，不是每件事都能开诚布公地让大家都知道，不然你就会落个不好的名声哦。

选择B：你是个“花蝴蝶”，身旁不乏异性追求，也很得意目前的状况。你很崇尚名牌，对于现在流行什么，你都了如指掌。办事速度快的你，可说是一个很适合悠游于世界各地的购物高手中的高手。

选择C：你是个很重视表面功夫的人，对于事物你总是有着独树一帜的看法，这样子的你常是朋友话题中的热门人物。常常因为感受到什么，而冲动地去改变你的房间、装扮，甚至于你的家人的穿着打扮你都要管。

选择D：其实你很适合作情报人员，你对世界上的任何事物都拥有着强烈的好奇心，喜欢将你所听到、收集到的各项资料汇总后提供给他人。目前安定的你，很喜欢别人对你的称赞，让人感受你不同时段的蜕变。

选择E：你很像邻家女孩，个性十分乐观又惹人喜爱，人际关系良好的你，无论面对的是正面、负面的评价及压力，你总是能迎刃而解。但是在忙着应付复杂的人际关系的同时，别忘了，该完成的事，还是要完成哦。

沉得住气，弯得下腰，抬得起头

世界上，但凡能成就一番大事业的人都有一颗宽容博大的心，这个人必须得是沉得住气、弯得下腰、抬得起头的人。莎士比亚说：“不要因为你的敌人而燃起一把怒火，炽热得烧伤你自己。广览古今中外，大凡胸怀大志、目光高远的仁人志士，无不是大度为怀，置区区小利于不顾。相反，鼠肚鸡肠，竞小争微，对只言片语也耿耿于怀的人，没有一个是成就大事业的人，没有一个是有出息的人。”

哈佛大学心理学教授，曾经在课堂上讲过这样一个故事：

欧玛尔是英国历史上留名至今的剑手。他有一个势均力敌的敌手，他们斗了三十年还不分胜负。在一次决斗中，敌手从马上摔下来，欧玛尔持剑跳到他身上，一秒钟内就可以杀死他。

但敌手这时做了一件事——向他脸上吐了一口唾沫。欧玛尔停住了，对敌手说：“咱们明天再打。”敌手糊涂了。

欧玛尔说：“三十年来我一直在修炼自己，让自己不带一点儿怒气作战，所以我才能常胜不败。刚才你吐我的瞬间我动了怒气，这时杀死你，我就再也找不到胜利的感觉了。所以，我们只能明天重新开始。”

这场争斗永远也不会开始了，因为那个敌手从此变成了他的学生，他也想学会不带一点儿怒气作战。

一个真正的剑手，修炼的不单是剑，还有自己的心胸。欧玛尔用了三十年的时间就是为了让自己拥有豁达的心胸去面对所有的对手，这也正是他能在英国历史上留名至今的原因。真正的成功者，其实很多时候战胜别人的不是技能，而是豁达的心境。

2000年12月17日，在英国的曼彻斯特城，英格兰超级足球联赛第18轮的一场比赛在埃弗顿队与西汉姆联队之间紧张地进行着。比赛只剩下最后一分钟时，场上的比分仍然是1：1。

这时，埃弗顿队的守门员杰拉德在扑球时扭伤了膝盖，球被传给了潜伏在禁区的西汉姆联队球员迪卡尼奥。

球场上原本沸腾的气氛顿时静了下来，所有的人都在等待。迪卡尼奥离球门只有十二米左右，只需要一点点力量，就可以从容地把球打进没有了守门员的大门。那样，西汉姆联队就将以2：1获胜。在积分榜上，他们就可以增加两分。而且，在此之前，埃弗顿队已经连败两轮，这个球一进，就将是苦涩的“三连败”。

在几万球迷的注视下，迪卡尼奥没有踢出“决胜的一脚”，而是弯下腰，把球稳稳抱到怀中……

全场因惊异而出现了片刻的沉寂，继而掌声雷动。

如潮水般的掌声，把赞美之情献给了放弃打门的迪卡尼奥。

胜利在每个人看来都是非常重要的。但是真正的胜利并不是竞技场上的成败得失，而是用豁达的心胸换取的品德，这才是一种真正意义上的成功。心胸狭窄的人是成不了大气候的。可能很多青少年会说，在生活中，小人得志的例子随处可见。确实如此，但是青少年一定要知道，那毕竟是少数，心胸狭窄的人不仅害人害已，还会常常让自己掉进死胡同，看不到光明。

有两个重病号，住在一家大医院的同一个病房里。房间不大，他们只能通过一扇窗子看到外面的世界。他们中的一个每天下午都被允许坐在床上半个小时，他的床挨着窗户；另一个人只能终日躺在床上。

每天下午，那个人坐在床上的时候，他都要把窗外的景色描绘给另一个人听。从窗口正好能够看到公园里面的风景：那里有一个人工湖，湖里有野鸭和天鹅，远处一排树，顶上是美丽的天空，人们在绿草如茵、鲜花盛开的地方游玩嬉戏，年轻的恋人则在树下牵着手散步，孩子们在湖边放模型船，撒面包片……

另一个人微笑地听着，在他看来这每一分钟都是享受。“一个漂亮的女孩穿着飘逸的夏装，一个小男孩差点跌进湖里……”朋友的描述几乎让他感到自己正亲眼目睹这一切。

然而，在一个晴朗的午后，他心里想：为什么睡在窗前的人能够享受外面美丽的风景？为什么我就不可以？他心里很不平衡，越是这样想，就越想与另一个人换床位，他觉得必须得换。一天夜里，他盯着天花板发呆，忽然另一个人醒了，接着拼命地咳嗽。他想伸手去按铃叫护士来，可是这个人只是看着这个呼吸一直很困难的同伴，却没有去帮他。第二天，护士来的时候发现那个人已经死了，只好静静地抬走他的尸体。

过了一段时间后，这个人换到了靠窗户的那张床上，他觉得很舒服。当他用手支撑起自己的身体，吃力地望向窗外时，窗外仅有一堵空白的墙。

一个人被狭隘的心境严严实实地包裹在一层厚厚的壳里时，那个世界就会变得冷漠狭小，没有关爱，没有恻隐之心。处处以自我利益为中心，更不会去体贴、理解、关心、宽容别人，甚至有时还会用别人的利益换取自己的利益。但是狭隘的心终将会让自己人生的道路越走越窄，直到走投无路。大家认为这样的人会有出息吗？

雨果说过："世界上最宽阔的是海洋，比海洋更宽阔的是天空，比天空更宽阔的是人的心灵。"心灵本应是最广阔的，而有些青少年，总是被狭隘占据了心灵的空间。所以我们不妨敞开自己的胸襟，以一颗宽大的心对人对事，先做一个宽容的人，再成为一个成功的人。

◎哈佛图书馆

《约翰逊传》是苏格兰作家、现代传记文学的开创者鲍斯威尔的代表作，更是一部举世公认的伟大传记文学作品，为深入了解语文学乃至世界文学所必读之书。在这部传记中，除了看到因缅怀往事而产生的过人才华、光彩夺目的文字外，还看到鲍氏本人的悲剧精神，及由此而洋溢着的两位不平凡人物的温馨友情。

◎哈佛考考你

你有进取心吗？

饿肚子是一件令人难受的事情。今天下课，你不幸遇上大塞车，没有吃上午饭。回到家时，你已经是饥肠辘辘了。更可悲的是，你的爸爸妈妈今天要请客人到家吃饭，而客人又还没到。一向家教严谨的你，当然不敢先开动。这时的你，应该怎么办呢？到底是肚子问题重要，还是面子重要？

A.即使会饿死，也执意等下去

B.先找些零食、泡面什么的，垫垫肚子

C.婉转地告诉爸爸妈妈你饿了

D.饿死人不偿命，管他三七二十一，赶快去吃点好的

结果分析：

选择A：酷，你真是酷！倔强的可以，标准的死要面子！告诉你喔，你若是将这股狠劲发挥到工作上，你就是那个前途不可限量之人呢！

选择B：有很强的竞争心，做事常常会因为太过冲动而失控。

选择C：你这个人啊，真是可爱到家了，做坏事也要拖人下水。然而由于你的能言善道，的确也有好些人无法拒绝你。更由于你有绝佳的细密心思，做事会瞻前顾后，所以你的人缘通常都是不错的。

选择D：真是羡慕你啊，不经过大脑思考，任何事都敢去做。只要你想做，世上是没有人能阻挡得了你的计划。

一点小的自制力，也会使人变得强而有力

1995年，哈佛大学心理学教授丹尼尔•戈尔曼出版了《情商》一书，顿时引起全球轰动。他说："一个人的成功，IQ的作用只占20%，其余80%是其他的因素，其中情商占很大一部分因素。"他尤其提到了一个人的自制力对于成功的重要性。

确实，我们来到这个世界上就要对自己的思想、语言和行为进行自我约束，这就是所谓自制。古今中外，但凡成功人士都有惊人的自制力。勾践卧薪尝胆，十年如一日。马克思为著《资本论》，每天要在大不列颠博物馆度过10个小时。

德国音乐家巴赫从小非常喜欢音乐，很想去汉堡听一位管风琴大师的演奏。可巴赫住的地方离汉堡很远，穷孩子没钱坐车，只好带上干粮徒步上路。走累了在田野里休息一会儿，天晚了在农舍屋檐下的草堆中睡上一夜……为了听演奏会，他经常这样步行往返，是自制力支持他走完全程！

德国哲学家黑格尔说："一个志在有所成就的人，必须知道限制自己。反之，什么事都想做的人，其实什么事都不能做，终归会失败。"

拿破仑•希尔经过数十年的研究和探索，总结出了获得成功的17条准则，这些准则被人们称为"黄金定律"。其中被列为第5条的是"要有高度的自制力"。在这方面，拿破仑•希尔有着深刻的切身体会。

在创业初期，拿破仑•希尔通过一件小事发现自己缺乏自制力。这件事情虽然很小，但却给了他深刻的教训，使他认识到一点小的自制力，也会让人变得强而有力，相反那些连自己都控制不好的家伙，看上去显得多么愚蠢。有一次，希尔和办公大楼的管理员发生了一场误会，当时他碍于面子没有向管理员道歉。从那以后，他们两个人之间彼此憎恨，甚至演变成激烈的敌对。后来，管理员知道有时整个办公大楼里只有希尔一个人在工作时就把电闸拉下来，使办公室里面一片漆黑。这种事情一连发生了几次，希尔很愤怒。

一天，希尔正在办公室里紧张地工作着，电灯又熄灭了。希尔立刻跳起

来，冲进管理员办公室。希尔到了那儿，管理员正在悠闲地吹着口哨。希尔气愤极了，就对着他破口大骂起来。希尔把能想出来的恶言恶语都用上了。那位管理员一点儿也没有生气。后来，希尔实在想不出什么骂人的话了只好停住。这时，管理员转过身，用柔和的语调对希尔说："你今天是不是太激动了？"他的话很柔软，但希尔却感到像一把利剑刺进了自己的身体。希尔站在那儿，不知道说什么好。

希尔在想，我是一个研究心理学的人，竟然对着一个没有多少文化的管理员大喊大叫，这实在是一件令人感到羞耻的事情。希尔飞快地逃回了办公室。坐在办公室，希尔什么也干不下去了，管理员的微笑老是缠绕着他。希尔认识到了自己的错误，他决定向管理员道歉。

管理员见希尔又来了，仍然用温和的语调说："这一次你又想干什么？"言语中充满了挑战的意味。希尔告诉他是来道歉的。他说："你不用向我道歉。你今天所说的话，只有天知地知你知我知，我不会把它说出去的，我知道你也不会把它说出去的，我们就这样了结了吧！"希尔被管理员的话震撼了。他高度的自制力使希尔再一次被打败，希尔走上前去，紧紧地握住了他的手，真诚地向他表示歉意。

这件事使希尔认识到，一个人如果缺乏自制力，就有可能变得疯狂。这样，他不仅不能结交到朋友，反而非常容易树敌。拿破仑•希尔用自己的亲身经历告诉我们自制力对于一个人取得成功的重要性。

那么我们该如何提高自己的自制力呢？哈佛大学的教授认为，一个自制力不强的人大多是抵挡不了诱惑的，会表现出很多不好的坏毛病。于是哈佛大学教授向青少年朋友推荐了富兰克林在他的自传里提到的这种方法：

他首先列出了最需要习得的12种美德，他认为要想习得这些美德，不可以立刻全面地去尝试，而是在一个时期内（比如一周内）集中精力掌握其中的一种美德。当我们掌握了那种美德之后，接着开始注意另外一种。而在一定时期内，也要注意应用前一两种美德的学习成果，这样下去直到12种都掌握为止。同时，因为先获得的一些美德可以便于其他美德的培养，所以他把12种美德按以下的顺序排列：

1.节制。食不过饱，饮酒不醉。

2.寡言。言必于人于己有益，避免无益的聊天。

3.秩序。每样东西应有固定的安放地方，每件日常事务当有一定的时间去做。

4.决心。当做必做，决心要做的事应坚持不懈。

5.俭朴。用钱必须于人或于己有益。换言之，切戒浪费。

6.勤勉。不浪费时间；每时每刻做有用的事，戒掉一切不必要的行动。

7.诚恳。不欺骗人；思想要纯洁公正，说话也要如此。

8.公正。不做损人利己的事，不要忘记履行对人有益又是你应尽的义务。

9.适度。避免极端，人若给你应得的处罚，你当容忍之。

10.清洁。身体、衣服和住所力求清洁。

11.镇静。勿因小事或不可避免的事而惊慌失措。

12.谦虚。仿效耶稣和苏格拉底。

富兰克林每日都检查自己的进步情况。他做了一个小册子，把每一种美德分配到一页，每一页用红墨水划成7列，也就是一周的7天；然后他把每一页再划成12行，也就是12种美德。每天检查若发现关注的那两三项美德有过失，则在对应的空格划一个黑点。

◎哈佛图书馆

《情商：为什么情商比智商更重要》哈佛大学心理学博士丹尼尔•戈尔曼的代表作，该书不仅打破了长久以来智商的天生决定论，更为心理学界探讨已久的“情绪智慧”问题提出关键性的解释。丹尼尔•戈尔曼认为，由于没有考虑到对人类行为产生重大作用的一系列关键能力，我们对人类智力的理解存在很大的局限。

◎哈佛考考你

你能宽容朋友吗？如果你的朋友不小心弄坏了你心爱的东西，你会：

A.大发雷霆，把对方骂得狗血淋头

B.算了，自认倒霉，只能气往心里去

C.要求对方照价赔偿

D.宽宏大量，不会生气

答案分析：

选择A：在你的观念中，朋友不会比你心爱的东西来得重要，正因为如此，你的朋友到最后都会成为你的敌人。事实上，你的人际关系在心理上的出发点就有点偏差，你的敌我意识不是很强，你对人际关系的需求也不会很强烈。

选择B：你是一个怕得罪人的人，在表面上你只能自认倒霉，但在心底你却会愤怒不已，而又不能表现出来。你在处理人际关系的心态上，有点委曲求全，可能是你怕和别人形成敌对的状态。而这种敌对状态会给你带来很大的心理压力和精神负担，所以你没有信心去处理这些关系。你宁可退一步，以求大局和平。

选择C：你觉得你和所有的朋友都是处于对等状态，没有谁该怕谁，谁该让谁的说法。因此，你的态度很客观，也很中立，不会预设立场，把自己的敌我意识先摆出来，或者是先设定自己的受害意识。你这样的处理方式，应该是让大多数人可以接受的做法。不过，要是遇到一些自我意识较强烈的人，你就会被认为太不讲人情，因而得罪对方。

选择D：你是个老好人，你很尊重对方的自尊和价值，让对方感受到他是一个很受重视的人。因此，他除了感谢你之外，还会以对等的态度回报你，将你当成最好的朋友。在你处理人际关系的观念中，知道人的价值重过一切，因此你在处理事情的时候，会不自觉地以客观的立场考虑利害得失。就因为你这样重视朋友，给朋友面子，你的人际关系很圆满。

9 镇静：无论面对什么，一定要镇静

被誉为情商之父的哈佛大学教授丹尼尔•戈尔曼曾在他的顶级畅销书《情商》一书中说，判断一个人情商的高低其实很简单。最简单的方法就是看他是否有驾驭情绪的能力。尤其在坏情绪不期而至时，如果他很快冷静下来，甚至从另一个积极的角度重新审视，那么这个人的情商可以说是了不得的。

比如说在公路上有辆汽车突然插到你的前面，你的第一反应恐怕是在心里暗骂："可恶！差点就撞到我了！"然后越想越生气，甚至可能鲁莽驾驶。这时，比较有效的方法是"重新评断"。你可以告诉自己："这个司机也许有急事。"另一个办法是独自走开，让自己冷静下来。

我们中国有句古话不也这么说："冷静观人，冷耳听语，冷情当感，冷心思理。"这是告诉我们应当冷静地观察人，用平静的心态听别人言谈，用冷静的心态处理事情，用冷静的头脑思考问题。学习生活中，遇到困难在所难免，但只有直面挑战、镇静相对，才能产生智慧，生发力量。

有一家博物馆被盗，共丢失了10件珍贵的文物，好在一枚珍贵的钻戒没有被盗。警方经过多次努力也没找到线索。这时一直很冷静的博物馆馆长提议让电视台采访他。

于是电视上播出了记者采访博物馆馆长的镜头。记者问："请问这次共丢失了多少件文物？"馆长答："共丢失了11件文物。"记者问："这些文物都很珍贵吗？"馆长答："是的，都很珍贵，特别是一枚价值连城的钻戒。"

时隔不久，警方就查到了线索，顺利地破了案。线索来源很简单，几个盗贼在殴斗时被警方抓获，而他们殴斗的原因竟然是相互猜疑究竟是谁私藏了第11件文物——那枚钻戒。

这就是镇静生发的智慧，只有冷静，才会想到这样的方法。想想我们物件丢失时会怎样？怀疑、烦恼、后悔……这些都无济于事。冷静下来，想想办法，或许方法便冒头了。所以青少年朋友，无论面对什么样的困难险阻时，都应该先让自己的心静下来，因为镇静生发智慧，只有冷静，才能想到更好的解决方法。

怎么才能做到处变不惊呢？在很多青少年看来很不简单的事，真的有那么难吗？哈佛大学心理学教授哈尔曾说过："学会冷静并非是一件难事，冷静也就是我们常说的'冷处理'，就是在矛盾最激烈的时候，先晾一晾再处理。"

确实，在德国军队里就有这样一条规定：一名士兵可以检举同伴的错误，被检举的也有权反驳。但如果长官发现检举和反驳的士兵曾在近期发生过冲突，那么两个人都会受处罚。发生过冲突的人至少要等一周，等情绪完全冷静下来后，才可以告对方的状。哲学家苏格拉底对于学会冷静也为我们提供了一个幽默的智慧：

古希腊哲学家苏格拉底的妻子传言是悍妇、坏老婆。她是个心胸狭窄、性格冥顽不化、喜欢唠叨不休、动辄破口大骂的女人，常使苏格拉底困窘不堪。

一次，别人问苏格拉底"为什么要娶这么个夫人"时，他回答说："擅长马术的人总要挑烈马骑，骑惯了烈马，驾驭其他的马就不在话下。我如果能忍受得了这样女人的话，恐怕天下就再也没有难于相处的人了。而且我还从她身上学到知识，比如镇定！"

有一次，苏格拉底正在和学生们讨论学术问题，互相争论的时候，他的妻子气冲冲地跑进来，把苏格拉底大骂了一顿之后，又出外提来一桶水，猛地泼到苏格拉底身上。

在场的学生们都以为苏格拉底会怒斥妻子一顿，哪知苏格拉底摸了摸浑身湿透的衣服，风趣地说："我知道，打雷以后，必定会下大雨的。"

所以，当你在心烦意乱时，不妨让自己安静下来，不去想困住我们的难题，而去想象一下夏日夜晚的星空，多么安详、多么宁静、多么璀璨、多么自由。因此，我们也应该去追寻那种虚怀若谷的胸怀，去追求那份宁静中的自由，当在这份宁静中拥有了一份超然心情后，一切压力就容易释放出来，我们又可以重新找到前进的方向。

◎哈佛图书馆

《喧哗与骚动》是美国著名作家福克纳的经典作品。小说进述的是南方没落地主康普生一家的家族悲剧。老康普生游手好闲，嗜酒贪杯。其妻自私冷酷，怨天尤人。长子昆丁绝望地抱住南方所谓的旧传统不放，因妹妹凯蒂风流成性，有辱南方淑女身份而爱恨交加，竟至溺水自杀。次子杰生冷酷贪婪……小说大量运用多视角叙述方法及蒙太奇等意识流手法，是意识流小说乃至整个现代派小说的经典名著，与《追忆似水年华》《尤利西斯》并称为意识流小说的三大杰作。

◎哈佛考考你

从喜欢的运动项目也可以看到你的个性。以下项目你最喜欢哪一个？

A.排球

B.羽毛球

C.足球

D.棒球

E.游泳

F.拳击

G.跆拳道

H.摔跤

I.柔道

答案解析：

选择A：你很主观，但为人亲切又肯付出，所以很受欢迎。

选择B：你个性单纯，很有毅力。

选择C：你简单而缺乏成熟感，但做事很努力。

选择D：你热爱自由，感情丰富，没什么脾气。

选择E：你是行动派，做事干净利落。

选择F：你富有责任感和同情心，就算有什么不满，也会自我克制。

选择G：你活泼外向，行动力强，很会开发自我。

选择H：你本性善良，性格开朗、率真。

选择I：你比较内向，自我防御心理比较重。

学会取舍：危难之时，不惜咬断自己的后腿

哈佛大学动物学教授丹尼斯，曾经在非洲的草原上目睹过这样一个令他至今难以忘怀的场面：

那一年，非洲草原季度干旱，很多动物都因为缺少水和食物而死去。生活在这里的狼和鬣狗也都面临同样的处境。我们都知道狼群外出捕猎时都是统一由头狼指挥，而鬣狗则是一窝蜂地往前冲。鬣狗也仗着数量众多，常常从猎豹和狮子的嘴里抢夺食物。由于狼和鬣狗都属犬科动物，而且相处在同一片区域，有时候还共同捕猎。但是在食物短缺的季节里，狼和鬣狗也会发生冲突。

这一次，为了争夺一头野牛，一群狼和一群鬣狗发生了冲突。尽管鬣狗死伤惨重，但由于鬣狗数量众多，狼很快被鬣狗咬死。最后，只剩下一只头狼与五只鬣狗对峙。显然，头狼与鬣狗力量悬殊，头狼在混战中被咬伤了一条后腿，那条拖拉在地上的后腿，成为了头狼无法摆脱的负担。

面对鬣狗的步步紧逼，头狼做了一个抉择，突然一口咬断了那条受伤的后腿，然后向离自己最近的那只鬣狗猛扑过去，以迅雷不及掩耳之势咬断了它的喉咙。此时四只鬣狗被头狼的举动吓呆了，站在原地不敢向前。最终，四只鬣狗拖着疲惫的身体一步一摇地离开了怒目而视的头狼，头狼也因此而得救了。

危难之时，头狼毅然咬断了自己后腿，让自己毫无牵累地应对敌人，以换来最后的生存，这是很值得青少年学习的。在我们的学习生活中，有很多东西拖着我们的后腿：可能是昨天的一个小挫折，可能是一次考试的不理想，可能是跟同学的一个小拌嘴，以至于今天我们不得不背着沉重的包袱上路，所以经常会导致落后于他人。

古时候，有一个人被歹徒追杀，被追到了一条大河边，河上没有桥，更没有船，他又不会水，因此根本就到不了对岸。

于是这人便暂时隐藏了起来，那些歹徒一时半会儿找不到他。但这不是长久之计，歹徒依然会追来，于是他打算做一只竹筏渡河，到了河对岸就安全了。于是他便夜以继日地忙起来，他砍了竹子，用树皮绑了起来，做成了竹筏。等到那些歹徒发现他的时候，他已经到了河对岸，他安全地从险境中逃了出来。

到了河对岸后，他对之前发生的事仍心有余悸，那些逃亡的日子现在是连想都不愿意想！如今终于安全了，多亏了这个竹筏。他想：如果不是这竹筏，现在我的性命已经难保了，这个竹筏实在是太重要了！

于是他就把这个竹筏背在背上，然后继续向前走。可是竹筏太重了，他背着走路十分困难，一天只赶了很短的一段路。三天以后，那些歹徒追上来将他抓住了。原来他们也做了竹筏，过河追赶他。由于他背着竹筏，走得太慢，最终还是没有逃出歹徒的魔爪。

所以青少年要学会选择、学会取舍，拿得起更要学会放得下，有时候放弃也是一种成功的选择，只要我们的放弃是正确的，选择必将趋于完美。

钱钟书在《围城》中讲过一个十分有趣的故事。天下有两种人，譬如一串葡萄到手后，一种人挑最好的先吃，另一种人把最好的留在最后吃。但两种人都感到不快乐。先吃最好葡萄的人认为他的每一颗葡萄越来越差，第二种人认为他每吃一颗都是吃剩下的葡萄中最坏的。

为什么两种人都不快乐呢？因为他们都不懂得放弃。第一种人吃到坏的葡萄时就应该选择放弃，然后在心里保留着好葡萄的味道，这样他就会快乐；而第二种人却可以很简单，放弃坏葡萄的感觉，细细地品味好葡萄的味道，最后留给自己的也只是好葡萄的味道。快乐就是这样简单。只有懂得了放弃，才能更好地认知自己。

三个旅行者同时住进了一家旅店。早上出门的时候，一个旅行者带了一把伞，另一个拿了一根拐杖，而第三个旅行者什么也没有拿。

在他们出门不久，一场瓢泼大雨就下了起来。晚上他们归来的时候，拿伞的旅行者被淋得满身湿透，拿拐杖的旅行者则跌得浑身是伤，而第三个旅行者却安然无恙。于是前两个人很纳闷儿，问第三个旅行者："你既没带伞，也没有拐杖，怎么会一点事儿都没有呢？”

第三个旅行者并没有立即回答，而是问拿伞的那个旅行者：“你为什么会淋湿而没有被摔伤呢？”

拿伞的旅行者回答说：“当大雨来到的时候，我因为有了伞，就大胆地在雨中走，却不知雨中有风，伞遮不到的地方就被淋湿了。我走在泥泞的路上，因为没有拐杖，所以走得非常仔细，专拣平稳的地方走，所以就没有摔伤。”

然后，他又问拿拐杖的旅行者：“你为什么没有被淋湿而是摔伤了呢？”

拿拐杖的那个人说：“当大雨来临的时候，我因为没带雨伞，所以只能找那种能躲雨的地方走，所以没有淋湿。但当我走在泥泞坎坷的路上时，我便用拐杖拄着走，却不知为什么频频跌跤。”

第三个旅行者听完后笑笑说：“这就是为什么你们拿伞的淋湿了，拿拐杖的跌伤了，而我却安然无恙的原因。当大雨来时我在房檐下走，遇到泥泞的道路时我慢慢地过，所以我既没有淋湿也没有跌伤。”

许多时候，我们不是跌倒在自己的缺陷上，而是跌倒在自己的优势上。缺陷常给我们提醒，而优势却常常使我们忘乎所以。而自己的缺陷却往往在自己放弃的时候才会被看清，我们才更清楚地认知自己。

在自己的优势上，要学会居安思危。同时要把自己的优势给“看好”了，充分发挥它的作用，使优势最大化，从而弥补弱势所造成的损失，这样才能用最高的效率取得成功。所以青少年应该清楚，一个人要想在成功的道路上走得更远，不能因为眼前的一些利益或困难阻碍了自己的路。要学会选择，学会取舍，该舍得的就毫不犹豫地甩开，该选择的就当机立断地拿下。

◎哈佛图书馆

《希腊波斯战争史》是西方“史学之祖”，是希罗多德撰写的史学巨著。作者以希腊人和异族人的战争为主线，讲述了当时的历史、地理、人文等面貌，是一部百科全书式的历史书籍。这是一本人人都知道它的存在，却很少能一睹真面目的神奇经典。公元前五世纪，希罗多德以荷马所用的伊奥尼亚方言，巨细非遗地记述了公元前六世纪至公元前五世纪，波斯帝国和希腊诸城邦间的战争。希罗多德有旅行家的见闻、政治家的敏感和文学家的手笔，因此本书的史料价值无与伦比，却又融入了作者批判的态度。他像个说故事的能手，使得一个久远的世界恍如生动而丰美的梦，历历在目，仿如昨日，本书自始至终都充满着不可思议的魅力。

◎哈佛考考你

测试你是否有一个温馨的家庭：你在熟睡中感到非常口渴，在迷迷糊糊的状态中，有人递给你一大盘新鲜水果，让你顿时垂涎欲滴，你想到了什么水果呢？

A.苹果

B.香蕉

C.番茄

D.草莓

结果分析：

选择A：你与家人之间有爱，但气氛压抑。大家都很客气，算是相敬如宾，但无法分享心中真正感受。在外人看来，甚至你们的关系很冷漠，但你们习惯于这种交流方式，可能这也是一种表达爱的方式吧！

选择B：你们关系有点热烈，是紧张的热烈，沟通方式有待加强。往往大家各持己见，谁也不服谁的说法。家中经常上演僵持不下的局面，其实在吵的过程中就已经体现出家庭气氛了。

选择C：你和家人关系密切，依赖程度深，但正因如此，自成团体，大家老是黏在一起，容易忽略和朋友等其他“外人”的关系。要尝试一个人过生活。

选择D：你的家庭一定有着和谐宁静的气氛。你生活在一个幸福的家庭中，家人间的关系亲密，却也有个人空间，真令人羡慕。自己可要珍惜，别在无意中伤害了家人之间的感情。

第十章

相信我，天才都走过同一段叫孤独的路

在成为天才以前，可能很长时间里会被误解成傻瓜

哈佛神学院曾经录取了一个看似奇怪的学生。有人说他是一个不折不扣的傻子，因为他不仅仅多才多艺，而且各个方面都表现得非常突出。就拿他的理科成绩来说，他完全可以被全美国最好的理工科学校——麻省理工学院录取；而他的小提琴演奏水平也可以直接进纽约交响乐团，可以被最受欢迎的美国艺术学院——朱利亚音乐学院录取。

但是他既没有选择麻省理工学院，也没有进朱利亚音乐学院，而是选择了可能在未来连工作都找不到的哈佛神学院。

他为什么放着未来可以找到很好工作的学校不念，却非要进哈佛大学神学院？这个问题让很多的哈佛教授们疑惑。面对哈佛教授的疑问，他的回答是："我还年轻，工作并不是主要的，可以慢慢来。可是，信仰的问题，神是什么，人何以才能超越，这些是我人生的功课。这些功课不做，我活着一天都不得安宁。我读书不是为了职业，而是为了我的人生。"

十年之后，他成为了哈佛大学毕业生中最成功的商人之一。

正是这样，很多人在成为天才之前，可能很长一段时间都会被误解成傻子。爱迪生小时候也常常被看成傻子。他看到母鸡能从圆圆的鸡蛋孵出小鸡，就找来许多鸡蛋，亲自学着孵小鸡。他看到气球能在充满气之后就飞到天上，于是就找来一些发酵粉，动员想上天的同学来吃。不幸的是，吃了他给的发酵粉的同学都疼得在地上打滚。校长知道后非常生气，高声喊道："又是你这个捣蛋大王，我把你开除了。"

而爱因斯坦小时候也是被人看不起的学生。他常常提出一些怪问题，如指南针为什么总是指向南方？什么是时间？什么是空间？别人也以为他是个傻子。当爱因斯坦毕业时他的父亲找到校长，不好意思地问道："我的孩子，他将来从事什么职业会有点出息呢？"校长竟然回答道："您的孩子将来从事什么职业都是一样没有出息。"

但是后来呢？爱迪生成为了伟大的发明家，而爱因斯坦成了伟大的科学家。所以不必去在意十年前你是谁，一年前你是谁，甚至是昨天你是谁。

这些都不重要，哪怕你现在是学习成绩全班倒数，甚至是被人取笑为傻子的人，这都不重要。重要的是：今天你是谁，未来你是谁！

所以现在就去制定一个目标，哪怕实现这个目标的路上你可能很孤独。但是天才之路、成功之路，谁不孤独？所以确定了你的目标之后，现在就去行动，即刻行动，从现在开始改变自己。正如哈佛学子们经常这样告诫自己一样：

一张地图，不论多么详尽，比例多精确，它永远不能带着它的主人在地面上移动半步。一个国家的法律，不论多么公正，永远不可能防止罪恶的发生。任何宝典，即使在我手中的羊皮卷，永远不可能创造财富。只有行动才能使地图、法律、宝典、梦想、计划、目标具有现实意义。行动，像食物和水一样能滋润我们，使我们成功。我们现在就付诸行动！

◎哈佛图书馆

《尤利西斯》是爱尔兰意识流文学作家詹姆斯•乔伊斯于1922年出版的长篇小说。小说以时间为顺序，描述了主人公——苦闷彷徨的都柏林小市民——广告推销员利奥波德•布卢姆（Leopold Bloom）于1904年6月16日一昼夜之内在都柏林的种种日常经历。小说大量运用细节描写和意识流手法构建了一个交错凌乱的时空，语言上形成了一种独特的风格。《尤利西斯》是意识流小说的代表作，并被誉为20世纪一百部最佳英文小说之首，每年的6月16日已经被纪念为“布卢姆日”。《尤利西斯》是现代英语小说中最有实验性、最有争议的作品。

◎哈佛考考你

你在沙漠上迷路了。走着走着，突然，你看见光秃秃的沙漠上立着一块木牌，上面写着——跨过这个木牌一步，必死无疑。你会走过去吗？

假如，你抱着鱼死网破的心态，跨过去了，结果，什么都没有发生。当你转过身来，发现那块木牌的另一面也写着——跨过这个木牌一步，必死无疑。接下来你怎么办？

A.第一眼看清木牌上的字，就朝左右任意一个方向走了

B.觉得这是个恶作剧，理都不理，心里只想着如何走出沙漠

C.有些犹豫，终于还是跨了过去，期待会发现什么转机。回头看到木牌另一面的字，又有些犹豫，最后，你再次跨过来

D.跨过去时，你又些犹豫。当你回头看到木牌另一面的字之后，就坦然朝前走了

结果分析：

选择A：你是小聪明。你有一种灵敏的嗅觉，但是你对生活中的危险通常只能察觉到四分之三。不过，你是走出沙漠可能性最大的一个。

选择B：心理强壮，但是缺乏想象力。平时很难为自己制造一些成功的窍门，很可能流失很多意外的机会。

选择C：反向思维，但是常常用法不当。疑神疑鬼是你的致命弱点。你是走出沙漠可能性最小的一个。

选择D：感性的恐怖意象，无法扭转你理性的方向。你有极强的逻辑性，属于大聪明。

去创造一些他人需要但表达不出来的需求

为什么有人只会一辈子卖烧饼，生了儿子，儿子也接着卖烧饼？而有些人从卖烧饼到卖大饼、再到卖大饼鸡蛋、开大排档、开饭店、建立餐饮集团？不是因为起初他们卖的烧饼有什么不同，而是在于他们的想法不同。一个想：顾客想吃烧饼，我一定要做好！而另一个却想：顾客除了吃烧饼，就不想吃点别的吗？

一条街上相邻开着三家水果店。这天，有位老太太走到第一家店里，问："有李子卖吗？"店主一见有生意马上迎上前笑着说："您看我这李子又大又甜，多新鲜啊！"没想到老太太一听，竟然话都没说就扭头走了。店主心里纳闷："奇怪啊，我的李子这么好，老太太哪点看不上呢？"

老太太又来到第二家水果店，同样问："有李子卖吗？"第二位店主马上迎上前说："我这里李子都很新鲜，有酸的也有甜的，您是想买酸的还是想买甜的？""我想买一斤酸李子。"老太太说，"最近我儿媳妇怀上孩子啦，特别喜欢吃酸李子"。于是，老太太就买了一斤酸李子便走出了水果店。

而老太太的这句话却被第三家水果店的店主听到了。他主动的凑上去跟老太太说："恭喜您老人家快要抱孙子了！怀孕期间孕妇最要紧的是吃好、胃口好、营养好啊！""是啊，听说多吃些富含维生素的水果，生下的宝宝会更聪明些！""对呀，很多书上说猕猴桃含维生素最丰富！""那你这有猕猴桃卖吗？""当然有，您看我这进口的猕猴桃个大汁多，含维生素多，您要不先买一斤回去给您儿媳妇尝尝！"最后，老太太不仅买了一斤进口的猕猴桃，又在第三家多买了一斤李子，而且以后几乎每隔一两天就要来这家店里买各种水果了。

哈佛大学经济学教授就曾告诉过哈佛学子：哈佛需要你们去创造一些他人需要却表达不出来的需求。去挖掘需求，这才是哈佛人真正需要做的事情。

当“随身听”即将上市前期，索尼公司内部群起反对，认为这种“只能听、不能录”的玩意儿没有市场。结果证实，它不但有市场，而且大得惊人。这才发现：我们对于“需求”的理解是肤浅的，因为我们从不知道消费者的“欲望”是什么，而欲望则代表了消费者潜在的需求。

几乎没有例外的，伟大的公司总是尽可能地创造需求，而不仅仅是满足需求。比尔•盖茨以他的微软创造了人们的需求，进而也改变了世界。正是比尔•盖茨和他创建的微软，才使得电脑成为日常生活不可缺少的一部分，并因此改变了每一个现代人的工作、生活乃至交往的方式。比尔•盖茨则成为了美国的民族英雄，几乎改变了全人类的生活方式的传奇人物。

有一个推销员，他的本事在于能卖出任何东西。他曾经把一把牙刷卖给过牙医，向面包师傅成功推销过一个面包，还让一个盲人从他手中买走了一台电视机。总结来看，凡是某个人原本不需要的东西，他就能利用自己的办法使那个人生发出这种需要。

◎哈佛图书馆

《光荣与梦想》美国著名历史学家威廉•曼彻斯特的代表作，是美国的一部社会纪实作品。作者勾画了从1932年罗斯福总统上台前后，到1972年尼克松总统任期内“水门事件”的四十年间，美国政治、经济、文化，以及社会生活的全景式画卷。这是一部场景宏大又描写细腻的历史巨著。从“补偿金大军”风潮、经济大萧条、总统竞选、二次世界大战、原子弹爆炸、朝鲜战争、越南战争、肯尼迪遇刺身亡、尼克松陷入“水门事件”，到美国人的精神风貌、社会时尚、各阶层的生活状况，再到演艺界的奇闻趣事、妇女的流行服装、青少年的时髦追求，甚至英语词汇的最新演变和人们的性观念都做了面面俱到的讲述。

◎哈佛考考你

学习状态心理小测试：如果你可以养宠物，你会选择：

A.狗和小孩

B.狗和马

C.狗和猪

D.狗和小鸟

E.小孩和马

答案分析：

选择A：安于现状的你，渴望超越自我，内心矛盾比较大。

建议：内心的矛盾感会让你焦虑，所以如果想小有成就，一定要加油哦！

选择B：安于现状的你，更深地渴望成功时，需要调整自己的内心。此时你的内心矛盾是很大的哦。

建议：内心的矛盾会让你产生很大的焦虑，如果你渴望成功，你的理想和行动一定要一致！

选择C：安于现状的你，渴望惬意的你，心态是温和的。

建议：呵呵，自己满意就好！但一定要知道自己想要的是什么哦。

选择D：安于现状的你，渴望心灵自由的时候，那么你对此时的状态是矛盾的。

建议：如果你安于现状，又渴望心灵自由，逃避不是最好的方式哦。所以积极地解决你的问题才能处理你的内心矛盾。

选择E：渴望超越自己，也渴望成功的你，更多地拥有激情和执著。

建议：理想和行动的一致会取得好的成绩，只是需要给自己一些时间轻松一下哦！

不要让他人喧嚣的观点掩盖你内心的声音

一个农夫在打扫自家的谷仓时，不知什么时候把自己心爱的怀表弄丢了。农夫非常着急，因为那块表是他的妻子送给他的结婚礼物，十分珍贵。他找遍了整个谷仓也没有找到，不知如何是好。

刚巧，一群孩子走过谷仓，他叫住孩子们，说：“你们如果谁帮我找到丢失的怀表，我就给谁一块钱！”孩子们一听就来了劲头，一个个兴奋地冲进了谷仓。但是，他们找了很长时间，几乎把谷仓翻了个个儿，最终谁都没找到那块怀表。

天渐渐晚了，孩子们都回家吃饭去了，但是有一个孩子没有走。他对农夫说：“我不想要钱了，但是我一定能找到你的怀表，我想再找一下！”

“好吧！慢慢找吧！”农夫说。

只见这个孩子又走进了谷仓，随便找了一个位置，静静地坐了下来。

这时，外面的天已经黑了，孩子们都走了，周围渐渐安静下来，悄然无声，只听到有个微弱但却清晰的声音从谷仓的角落里传来，滴答、滴答、滴答……

这个孩子一下子兴奋起来，轻轻地循着声音走到右前方的角落，在一堆稻草下面找到了那块怀表。

孩子为什么能找到怀表？因为他让自己静下心来，排除了周围的一切干扰，当周围寂静一片的时候，那个唯一的声音就变得清晰起来。所以他能听到这个细小的声音，便能循着声音找到怀表。同样，我们想要知道自己到底想要什么——倾听自己内心的声音，也要排除一切的干扰和杂念，保持平和的心态，全神贯注投入进去。只有这样，我们才能够看清自己的内心。

听取别人的意见固然重要，但是更重要的是要了解自己的内心，懂得自己的需要，因为，每个人心中都有一把自己的尺子，我们都拿着这把尺子去衡量得失，去评价优劣。别人尺子的标准不一定适合自己，只有自己的这把尺子才能丈量出自己精彩的人生。

很多时候，我们的内心都为外物所遮蔽、掩盖，从而听不到或不愿承认自己最真实的想法，因此在人生中留下许多遗憾：在学业上，由于我们还不会倾听内心的声音，所以盲目地选择了别人为我们选定的、他们认为最有潜力与前景的专业……很多朋友可能会说，我也不愿意去学那个专业，但是父母非要那么要求，自己也没有办法。可真的是没有办法吗，你真的有努力过吗?

有位哈佛大学教授经常会去外地出差，但经常买不到对号入座的车票。可是无论长途短途、无论车上多挤，他总能找到座位。他的办法其实很简单，就是耐心地一节车厢一节车厢地找过去。这个办法听上去似乎并不高明，但却很管用。

每次，他都做好了从第一节车厢走到最后一节车厢的准备，可是每次他都用不着走到最后就会发现空位。他说，这是因为像他这样锲而不舍找座位的乘客实在不多。经常是在他落座的车厢里尚余若干座位，而在其他车厢的过道和车厢接头处人满为患。他说，大多数乘客轻易就被一两节车厢拥挤的表面现象迷惑了，不大细想在数十次停靠之中，从火车十几个车门上上下下的流动中蕴藏着不少提供座位的机遇，即使想到了，他们也没有那一份寻找的耐心。眼前一方小小立足之地很容易让大多数人满足，为了一两个座位背着大包小包挤来挤去，有些人也觉得不值。他们还担心万一找不到座位，回头连个好好站着的地方也没有了。通常情况下，这些不愿主动找座位的乘客大多只能在上车时最初的落脚之处一直站到下车。

生活也是一样，有些人早已在人群的簇拥中迷失了自己的方向，永远只能滞留在没有成功的原点上，只有遵从自己的内心，自信、执着、勤于实践，你才会握有一张人生之旅的永远的坐票。

◎哈佛图书馆

《源氏物语》是日本的一部古典文学名著，对于日本文学的发展产生过巨大的影响，被誉为日本古典文学的高峰。作品的成书年代一般认为是在1001年至1008年间，因此可以说，《源氏物语》是世界上最早的长篇写实小说。小说描写了平安京时期日本的风貌，揭露了人性、宫中的斗争，反映了当时妇女的无权地位和苦难生活，被称为日本的“国宝”。

◎哈佛考考你

测测看你有多懒：父母叫你去邻近的菜市场买菜。这个地方你一直没去过，也不知道菜价，所以你十分不安……下面店铺中，你首先会去哪里？

A.什么都有的小杂货铺

B.各种鱼的店铺

C.只有一种蔬菜的摊档

D.熟食小店

答案分析：

选择A：你是个偷懒高手，在偷懒的同时会做大量的掩饰行为，绝不会让人发现到蛛丝马迹。别人看来，你是个很忙碌的人，一丝不苟又懂得抓紧时间，可是在你的脑里根本什么都没有，因为你正在偷懒。

选择B：你的懒惰在你的无知上。既然是不知道的事情，那么你就有很多理由去偷懒。即使不知道，你也不会去问，任由这个问题一直僵持下去。而这时候正是偷懒的好机会。别人为解决问题而烦恼，你却乐得清闲。

选择C：你的懒惰只显露在你的讨厌之上，那就是说你是会视事情而定的。平时不会很懒，反而让人觉得很勤劳，但是在讨厌的事情上，你的懒惰表现得很明显，让人一看就知道你想偷懒。你觉得不喜欢的事情就算懒些也无所谓，但你可否想过，有些事偷懒后果会很严重的。

选择D：你是懒到了骨头的人，要你不懒实在太难了，除非世界只剩下你一个人。你相当会找借口，然后懒洋洋地“品尝人生”。你也是个很容易生气的人，如果在你偷懒的时候，别人逼你做你不愿意做的事情，你会立刻翻脸，然后再找理由。

9 创新是区别领袖与跟随者的准则

法国心理学家约翰•法伯曾经做过一个著名的实验：他把许多毛毛虫放在一个花盆的边缘上，让它们首尾相接，围成一圈，然后，在花盆周围不远的地方，撒了一些毛毛虫喜欢吃的松叶。毛毛虫开始一个跟着一个，绕着花盆的边缘一圈一圈地走。一小时过去了，一天过去了，又一天过去了，这些毛毛虫还是夜以继日地绕着花盆的边缘在转圈，没有一只虫子离开队伍去吃松叶，就这样一连走了七天七夜，它们最终因为饥饿和精疲力竭而相继死去。约翰•法伯在做这个实验前曾经设想：毛毛虫会很快厌倦这种毫无意义的绕圈而向别处找寻它们比较爱吃的食物，但遗憾的是毛毛虫并没有这样做。后来，科学家把这种喜欢跟着前面的路线走的习惯称之为“跟随者”的习惯，把因跟随而导致失败的现象称为“毛毛虫效应”。

可以说，毛毛虫效应是无处不在的。人们在工作、学习和日常生活的过程中，通常对于那些“轻车熟路”的问题，都会下意识地重复一些现成的思考过程和行为方式，或者是跟着前面实践过的人一直做下去，这种行为上的惯性导致我们不愿意转个方向、换个角度想问题。有人会觉得这样跟随是一种很好的状态，不用承担责任，也不必思考问题。可是，跟随者的真正悲哀也正在于此。在实际工作中“一分耕耘，一分收获”的神话并不存在，或许你跟随前面的人做了很多工作，但是人们关注的可能永远是那个打头的人，即使你做了再多，也不会有更大的成就了；更糟的情况是如果你一开始就沿着一个错误的方向，老是跟在别人后面走，可能会付出很多无谓的努力。因此，创新才是解决问题的关键，只有找到一个新的方向和思路，你才能有更多的收获。你付出的多少不会有人记得，只有创新才是最重要的，创新是区别领袖与跟随者的准则。

创新必将被永远铭记，而跟随则意味着失败和被后来者超越。牛顿是世界上最伟大的科学家之一，他对科学的贡献是史无前例的。牛顿的一生有许多伟大的发现：力学三定律、万有引力、光学环、光微粒说、冷却定律以及微积分。这些都是科学史上的无价之宝。然而到了晚年，他花了十年的时间来研究上帝的存在，结果自然毫无所得。作为一个伟大的学者，他一旦成了跟随者，就谈不上丝毫的成就了。

而牛顿的权威同样使他的跟随者与成就失之交臂。

1900年，著名教授普朗克和儿子在自己的花园里散步，他情绪低落，很遗憾地对儿子说：“孩子，十分遗憾，今天有个发现。它和牛顿的发现同样重要。”他提出了量子力学假设及普朗克公式。但是他非常沮丧，因为这一发现破坏了他一直崇拜并虔诚地信奉为权威的牛顿的完美理论。他终于宣布取消自己的假设，这个决定的损失是惨重的，物理学理论由此停滞了几十年。

几十年后，年仅25岁的爱因斯坦横空出世了，他敢于冲破权威圣圈，大胆突进，赞赏普朗克假设并向纵深引申，提出了光量子理论，奠定了量子力学的基础。随后他又锐意破坏了牛顿的绝对时间和空间的理论，创立了震惊世界的相对论，一举成名，成为了更伟大的权威。

其实，创新与跟随仅在一念之差，迈过前人，你就会成就伟业，而不敢逾越前人和种种规范，你就会如毛毛虫一样碌碌无为。

美国一个牧场里，有个牧童叫杰福斯，他的工作是每天把羊群赶到牧场，另外要看管羊群不越过牧场的铁丝到相邻的菜园里吃菜就行了。工作虽然不多，但是也很辛苦。有一天，小杰福斯在牧场上不知不觉睡着了。突然，他被一阵怒骂声惊醒了。只见牧场老板正瞪着眼睛向他大声吼道：“你这个没用的东西，居然还在这里睡大觉！你看看，菜园被羊群搅得一塌糊涂了！”

从那次以后，机灵的小杰福斯就总是在想，怎样才能使羊群不再越过铁丝栅栏呢？他发现，那片有玫瑰花的地方并没有更牢固的铁栅栏，但羊群从不过去，因为羊群怕玫瑰花的刺。“我知道了”，小杰福斯想到了一个好办法，“如果在铁丝上加一些刺，就可以挡住羊群了”。于是，他先将铁丝剪成5厘米左右的小段，然后把它结在铁丝上当刺。结好之后，他在下次放羊的时候观察，发现羊群开始也试图越过铁丝网去菜园，但每次都会被刺疼，而没办法越过铁丝网。在被多次刺疼之后，羊群再也不敢越过栅栏了。小杰福斯居然成功了！半年后，他申请了这项专利，并获批准。后来，这种带刺的铁丝网便风行世界。

其实创新不是一件多么困难的事情。人们经常把创新想象得太高深、太神秘、太复杂了，并因此惧怕创新。但创新往往是在不经意间获得的，如果你养成了创新的思维习惯，万事都要在规矩之外想想其他的捷径，那么成功的创新也就离你不远了。

◎**哈佛图书馆**

《瓦尔登湖》是美国作家梭罗独居瓦尔登湖畔的记录，描绘了他两年多时间里的所见、所闻和所思。这部著作区别于先前文学作品的第一个特征，是其对自然巨细靡遗的描摹和引申。大至四季交替造成的景色变化，小到两只蚂蚁的争斗，无不栩栩如生地再现于梭罗的生花妙笔之下，并且描写也不流于表浅，而是有着博物学家的精确。

◎**哈佛考考你**

你能够成为精神领袖吗？有不少人从小就开始收集邮票，小小方寸之间，就如同一幅袖珍画一般，精致而耐人寻味。那么，在众多集邮主题之中，你偏爱哪一种呢？

A.绘画艺术

B.风景名胜

C.活动纪念

D.人物肖像

答案分析：

选择A：你的品味独特出众，所以有不少人都在暗中关注你最近买了什么，或是又在参与什么活动。因为你的选择很少出错，可以直接模仿、跟进，不必担心会带来什么负面的影响。所以你根本就像是大家的精神指标，一举一动都受到瞩目，身边有不少一窝蜂的流行风潮，大概都是被你带领起来的吧。

选择B：你不愿左右别人的想法，很少表达个人主观的意见。可是当有人来向你征询的时候，你会试着将所有相关因素分析给对方知道，提供详尽的资料，让那个人能够自行判断选择，你认为这样做才是最合宜的方式。虽然没有给予具体的解决方案，可是你的做法也正符合求助者的需要，所以在别人心中，你的意见占有举足轻重的分量。

选择C：你说的话对大家都挺有帮助的，因为见多识广，消息来源多而有效率，只要给几个关键词，你就可以从功能超强的大脑记忆体中调出相关资料。所以大家都会把你奉若“传播之神”，因为你在信息流通方面贡献不少心力。你所探听的事情范围广，所以能应付各种人的要求，不过若要更深入的剖析，可就要再另请高明了。

选择D：你做事循规蹈矩，总是照着步骤来做，不会有好高骛远的心态，所以成功的概率颇大。诚恳的做事态度，还有稳健踏实的脚步，都让人很想要追随在你身后，向你学习。你因为也不会藏私，有什么不错的想法和体会，都很乐意与其他人分享，而成为一个能够带领团队成长的领导者。

对一千件事情说“不”，才能确保不会误入歧途

哈佛大学雪山探险队准备在全社会范围内公开选拔一批探险队员。消息传出去，好多雪山登山爱好者都从各地赶来报名。毕竟，能够进入专业探险队进行雪山探险，对这些业余选手来说机会实在难得。

探险队长迈克对每一个前来面试的登山爱好者都进行了非常严格的体能测试，最后，有十五名爱好者各项体能均达标。接下来，迈克要对这十五个人进行的是最后一项测试——心理测试。迈克对大家说：“确切地说，最后一项是有关心灵的测试，这是最重要的一项测试，因为只有心灵测试合格的人才能成为一名出色的雪山探险队员。”

随后，迈克让人把十五个候选人分别单独带进一个房间。房间里只有迈克和被测试者两个人。迈克对被测试者说：“我只有一个问题，现在假如你面前是珠穆朗玛峰，可是在你前面不远处还有一个队员，也就是说他将比你先登上珠穆朗玛峰，而你只能是屈居第二，这时候你会怎么办？”

第一个被测试者说道：“不就只有几步路吗？我一定会加快速度超过他，成为第一个登上去的人。”迈克听了摇摇头说道：“年轻人，你不适合做雪山探险队员。”“为什么？”“稍后我会告诉你答案，请你先出去吧。”小伙子只能无奈地走出房间。接下来，又测试了第二个，第三个……十五个雪山爱好者，有十四个人的答案都是：“超过前面那个人，成为所有队员中的第一名。”最后一个年轻人，身体看起来并不是特别的强壮，但他的答案却和前面十四个人的答案完全不一样：“这没什么，就让那个队员做第一吧，我做第二。”

迈克问道：“为什么？”年轻人说道：“我不想做一些无谓的争论，第一或者第二，我只想登上雪山。不管我是第几名，我只要能达到我的目标就行了，而我的目标是登上雪山之巅。”“太好了！”迈克兴奋地说道：“祝贺你，你肯定能从雪山上回来，你是我们这次唯一录取的新队员。”

其他那十四个人对迈克的决定都非常不解。迈克解释说：“我和雪山打了几十年的交道。雪山不是超市，也不是公园，是零下几十度的冰天雪地，空气十分稀薄，喘一口气都十分困难。而我们脚下的雪山又是如此的危险，

随时可以置人于死地。如果想超过前面的人，那么登山的人肯定会加快速度，那么他就会缺氧，就会马上因为空气稀薄而窒息，很可能就在又冷又滑的冰川上倒下去了。”说到这，迈克显得很难过：“其实我们中间的许多雪山探险员并不是因为体力不够或者是技术出现问题，而是由于内心禁不住某些小小的诱惑，哪怕只有那么一点，永远地留在了雪山。”

我们在生活中总会遇到各种各样充满诱惑的事情，只有对那些不值得你付出的诱惑坚定地说“不”，你才不会被诱惑牵引而误入歧途。如登山一样，面对能够获得第一这个名利的诱惑，登山者的内心如果有了欲望，那么他的脚下就会布满了陷阱，欲望是最深的陷阱。在雪山上，只有那些内心坦荡、敢于对诱惑说“不”的人才会登上雪山，并最终安全地回来。

所以青少年朋友们应该清醒地认识到：欲望是人生最大的陷阱，是成功最大的阻碍。能否在欲望面前保持一个清醒冷静的头脑，是成功与否的关健所在。同样，在人生的道路上，也要懂得拒绝一些小恩小惠的诱惑，因为更大的财富正在前方等待你。成功，是从拒绝诱惑开始的。学会对诱惑说不，是成功的先决条件，更是一种睿智的境界，一种理性的选择。

◎哈佛图书馆

《先知》是黎巴嫩诗人纪伯伦的代表作，在纪伯伦的所有散文诗中，《先知》被认为是“顶峰之作”。在这本书中，智者回答了人们提出的爱，婚姻，孩子，施予，饮食，工作，欢乐与悲哀，居室，衣服，买卖，罪与罚，法律，自由，理性与热情，苦痛，自知，教授，友谊，谈话，时光，善恶，祈祷，美，宗教，死，逸乐等二十六个方面的问题。这些问题涉及到人生及社会的各个方面，是一个饱经沧桑、历尽人间坎坷的过来人的经验之谈。作者用诗一般优美的语言，反复比喻的手法，讲述了许多平易近人而又合情合理的道理，耐人寻味。

◎哈佛考考你

你是一个努力上进的人吗?

夏天，一位年轻人坐在公园的椅子上看书，看样子像是考生，只见他在看一本像是英文的参考书。突然，他合上书本，请猜猜看他合上书本的理由。

A.突然觉得要下雷阵雨的样子，于是匆忙合上书本，准备回家。

B.因为想睡觉，于是以书本为枕，在椅子上开始午睡。

C.因为觉得时间紧迫，于是看了一下英文之后，打算立刻再读别科。

答案分析：

选择A：雷阵雨，是会淋湿书本、头发，令人感觉不太舒服的事物。故选此答案的人，是想回避此种情况，显示是属于自我防卫本能比较强的人。你的不安比别人强一倍，对可能威胁到自我的危机相当敏感。因此，一旦察觉自己身处危机的状况时，通常会力争上游、发挥潜力。倘若陷入低潮的话，也能化危机为转机，及早摆脱困境。

选择B：午睡，显示乐观的潜在心理。此种人的循环性气质很强，容易受当场的气氛感染。一旦感觉情绪低落时，可以借着运动、休闲来变换心情，或是改变工作、生活环境，让自己轻松一下。如此一来，便能摆脱困境，重新出发。万一遇到极度低潮的状况，换个新工作或是改变生活环境，都是不错的主意。

选择C：改念别科，表示可能性或上进心。此种人原本提升自我的欲望就很强。因此，当陷入低潮时，可以去找德高望重的人开导，不然就是阅读名人传记，接受精神上的刺激。因为这样可以激发上进心，不会被一点小小的挫折击垮。

第十一章

伟大是熬出来的，时刻告诉自己再坚持一下

9 人生的冷遇也是一种幸运

美国著名作家爱伦•坡说："强烈的成功欲望会使一个人忘记一切苦难，迎来成功的一天。"古往今来，成功人士没有一个不是历尽苦难才成就辉煌的。因为苦难最能磨砺人的性格，最能激起人们行动的勇气。若没有困难，人们也许就缺乏勇气。

正如哈佛大学心理学教授邦德所说：有时候，就算是天才也需要在经历苦难后才能激发出自己的潜能。而在太过安逸的环境中，这些潜能就无法发挥。因而，激励人们自强不息、奋力拼搏的苦难对每一个人都是有利的。努力奋斗是胜利的前提，没有困难就没有努力奋斗的需要；没有痛苦和不幸，就不会学会忍耐和顺从。想要成功需要的不是幸运，而是不幸，人生的冷遇也是一种幸运。

这是一个自强不息的小女孩的故事，她从小就因病致残而无法正常行走。随着年龄的增长，她的忧郁和自卑感越来越重，甚至，她拒绝所有人的靠近。但也有个例外，邻居家那个只有一只胳膊的老人却成为她的好伙伴。老人是在一场战争中失去一只胳膊的，但是非常乐观。她非常喜欢听老人讲的故事。

这天，她被老人用轮椅推着去附近的一所幼儿园，操场上孩子们动听的歌声吸引了他们。当一首歌唱完，老人说着："我们为他们鼓掌吧！"她吃惊地看着老人，问道："我的胳膊动不了，你只有一只胳膊，怎么鼓掌啊！"老人对她笑了笑，解开衬衣扣子，露出胸膛，用手掌拍起了胸膛……那是一个初春，风中还有着几分寒意，但她却突然感觉自己的身体里涌动起一股暖流。老人对她笑了笑，说道："只要努力，一个巴掌一样可以拍响。你一样能站起来的！"

那天晚上，她让父亲写了一个纸条贴到了墙上，上面是这样的一行字：一个巴掌也能拍响。那之后，她开始配合医生做运动。甚至在父母不在时，她自己扔开支架，试着走路。蜕变的痛苦是牵扯到筋骨的。她坚持着，她相信自己能够像其他孩子一样行走，奔跑……

11岁时，她终于扔掉支架。她又向另一个更高的目标努力着，她开始锻炼打篮球和田径运动。1960年罗马奥运会女子100米跑决赛，当她以11秒18第一个撞线后，掌声雷动，人们都站起来为她喝彩，齐声欢呼着这个美国黑人的名字：威尔玛•鲁道夫。那一届奥运会上，威尔玛•鲁道夫成为当时世界上跑得最快的女人，她共摘取了3枚金牌，也是第一个黑人奥运女子百米冠军。

有人说："一个虽屡遭挫折却百折不挠的人将比一个一直顺顺当当的人更有可能取得成就。"因此，任何时候都不要放弃希望，哪怕只剩下一只胳膊；任何时候都不要放弃梦想，哪怕残疾得不能行走。

不因幸运而停滞不前，不因厄运而一蹶不振。真正的强者善于从逆境中找到希望，不断向着目标前进。人生的冷遇也可能成为你幸运的起点。所以，要想实现自己的梦想，就要有胆识、有胆量，要勇敢地面对人生的冷遇。

在这个世界上的每一个人，想要成功，就必须面对和克服重重困难。正如查尔斯•福克斯所说："如有年轻人告诉我，他在首场演讲中就语惊四座、技压群雄，这当然很好。他也许会继续进步，但也许会对自己的首次胜利沾沾自喜，止步不前；而当我看到一位年轻人在第一次尝试中虽未成功，却矢志不移、继续努力时，我相信这样的年轻人将比绝大多数第一次就取得成功者更可能成功。"

其实，失败和挫折不一定会变成不幸和痛苦，相反，通过自强不息、奋力拼搏，它就会转化成为一股强大的力量，这股力量能唤起人们奋发向上的激情，让人为之勇敢地奋斗。在这个过程中，意志坚强的人就会从中获取拼搏的力量、信心和胜利，这会成为他们人生中的转折点。可以说，对于那些意志坚强的人来说，人生的冷遇也是一种幸运。

◎哈佛图书馆

《沉思录》由古罗马唯一一位哲学家皇帝马可•奥勒留所著，这本自己与自己的十二卷对话的内容大部分是他在鞍马劳顿中所写，是斯多葛派哲学的一个里程碑。《沉思录》来自于作者对身羁宫廷的自身和自己所处混乱世界的感受，追求一种摆脱了激情和欲望、冷静而达观的生活。马可•奥勒留在书中阐述了灵魂与死亡的关系，解析了个人的德行、个人的解脱以及个人对社会的责任，要求常常自省以达到内心的平静，要摒弃一切无用和琐屑的思想，正直地思考。而且，不仅要思考善，思考光明磊落的事情，还要付诸行动。

◎哈佛考考你

在面对不幸时，你是什么心态？

想象你正独自一人拾级而上，到山上的寺庙烧香，这时候你首先会看到什么？

A.庙里的和尚

B.不相识的人

C.一只小狗

D.一只小猫

答案解析：

选择A：对于命运的内涵，有着深刻的体会，时常涌现某种宿命的观感；有着巨蟹座、处女座和双鱼座感慨颇多的倾向。

选择B：好运时似乎忘了命运为何物，倒霉时就感叹上苍的不公平；有着双子座、摩羯座和水瓶座感叹的倾向。

选择C：不是不感叹，而是很谨慎地在很好运或很倒霉时，才短暂地叹上一声；有着白羊座、狮子座和射手座短叹一声的倾向。

选择D：有点相信又有点不是很相信造化弄人，感叹是莫名的心绪反映；有着金牛座、天秤座和天蝎座非叹亦叹的倾向。

不到终点，不会有人记得你已经走完了99步

不到终点，不会有人记得你已经走了99步，其实如同世界上很多人只记得第一名是谁，而不知道第二、第三是谁一样。

行百里者半九十。最后的那段路，往往是一道最难跨越的门槛。其实每一个人的一生中，无论工作或生活，都会或多或少地出现这样那样的极限环境，或者说极限困境。有的时候就需要那么一点点毅力、一点点坚持，成功就能触手可及，而不是充满遗憾地擦肩而过。

美国华盛顿山的一块岩石上，立下了一个标牌，告诉后来的登山者，那里曾经是一个登山者躺下死去的地方。他当时正在寻觅的庇护所——“登山小屋”只距他100米而已，如果他能多撑100米，就能活下去。

这个事例提醒青少年，倒下之前再撑一会儿。胜利者，往往是能比别人多坚持一分钟的人。即使精力已耗尽，人们仍然有一点点精力，拼尽那一点点精力的人就是最后的成功者。

很多时候，再多一点努力和坚持就会收获到意想不到的成功。以前做出的种种努力，付出的艰辛便不会白白地浪费掉。然而，令人感到遗憾和悲哀的是，面对一而再，再而三的失败，多数人选择了放弃，没有再给自己一次机会。

成功者与失败者的区别，只是多了一点坚持和忍耐，有时是一年，有时是一天，有时仅仅只是一遍鸡鸣。

相传，有两个人向酒神求教如何酿酒。酒神授之以法：选端阳那天饱满的米，与冰雪初融时清冽的高山流泉之水调和，注入千斤紫砂土铸成的陶瓮，再用初夏第一张看见朝阳的新荷盖紧，紧闭九九八十一天，直到鸡叫三遍后方可启封，酒即成矣。

二人假以时日，历尽千辛万苦，克服重重艰难险阻，终于找齐了所有的材料。他俩按照酒神的吩咐把酿酒的材料调和密封好，然后潜心等待那激动人心的时刻的到来。

多么漫长的等待啊！

漫漫长路的终点终于触手可及，第八十一天终于到来了。两个人整夜都不能入睡，等着鸡叫的声音。

这时远远地传来了第一声鸡叫，仿佛过了很久很久，依稀传来了第二遍鸡叫，第三遍鸡叫什么时候才能传来呢？

其中一个人忍不住了，他迫不及待地打开了陶瓮，却惊呆了——里面是一汪浑水，酿出的酒的味道又苦又酸，他后悔极了，失望地把酒洒在地上。

而另外一个，虽然欲望仿佛一把火一样在他心里慢慢地燃烧，让他按捺不住想要伸手，但他还是咬咬牙，坚持到了最后的第三遍鸡叫响彻天空。他打开陶瓮：多么甘甜清澈、沁人心脾的美酒啊！

他成功了，与前者相比，只是多等了一遍鸡鸣而已。

在通往成功的大道上，永远没有失败，只有暂时停止成功或者将要成功。哈佛大学的教授经常告诫学生们："能否多坚持1分钟，是人才和平庸之徒的分水岭。"成功不是将来才有的，而是从决定去做的那一刻起持续累积而成的。胜利者往往是能比别人多坚持1分钟的人。所以我们每个人都应该信心百倍地去全力争取人生的幸福和成功，并永远激励自己：离成功我只有100米，只要再多1分钟的坚持！

◎哈佛图书馆

《万物简史》享誉世界的旅游文学作家比尔•布莱森的代表作，这是一部有关现代科学发展史的既通俗易懂又引人入胜的书。作者用清晰明了、幽默风趣的笔法，将宇宙大爆炸到人类文明发展进程中所发生的繁多妙趣横生的故事一一收入笔下。惊奇和感叹组成了这本书，历历在目的天下万物组成了这本书，有益于人们了解大千世界的无穷奥妙，掌握万事万物的发展脉络。

◎哈佛考考你

你有四个装药丸的罐子，每个药丸都有一定的重量，被污染的药丸是没被污染的重量＋1。只称量一次，如何判断哪个罐子的药被污染了？

答案：从1号取一粒药丸，从2号取2粒药丸，从3号取3粒药丸，从4号取4粒药丸放在天平一边，从任意一号罐取十粒药丸，放在天平另一边，则出现的重量如下：

+1或者−9，一号是被污染了；

+2或者−8，二号是被污染的；

+3或者−7，三号是被污染的；

+4或者−6，四号是被污染的。

在绝望的时候再等一下

在哈佛大学校园里流行这样一句话：失败的确让我们很痛苦，但是其实在追逐成功的道路上，失败也是一种收获，只要我们能在绝望的时候再等一下。

成功是什么？成功就是无数次失败之后，再无数次站起，坚持不懈地向目标发起挑战。当我们的努力累积到一定程度的时候，成功就会来临。虽然在成功的道路上，我们会经历无数次的失败，但是我们所付出的努力并没有白费，从中我们也获得了经验和教训，这都为我们将来取得成功打下了基础。所以，成功并不是那么容易的一件事，而是长时间累积的结果。其实，成功的最大秘诀就是永不放弃。

在现实生活中，很多青少年朋友经常把“绝望”挂在嘴边，当前行的道路上出现一点点的不顺畅，就感觉到绝望，然后哀叹自己时运不济，就这样停止了前进的脚步。心理学家发现，人们绝望，主要表现在自己的放弃上，这种放弃多是因为对自己的不信任和自卑，往往沉不住气，在没有尝试或是刚刚开始尝试的时候便认为自己没有那个能力跨越眼前的障碍或是克服那个难题。比如，你可能很喜欢数学，在数学方面也有一定的天赋，但是可能就因为两三次比较糟糕的数学成绩就轻易地否定了自己，对数学产生了恐惧，不再认真去钻研它，甚至可能放弃对这门学科的学习。当中考没有考好，没有升上重点高中时，你就可能认为自己的人生就这样子了，于是在新的学校里马马虎虎地学习，甘心做一个中等学生。你还可能会因为父母离异，而对生活失去信心，价值观以及世界观发生偏离。你总是认为事情已经到了无法挽回的地步，已经到了无可救药的程度。殊不知，这是心智不成熟的表现，是缺少抗挫折能力的表现，如果你轻言放弃长大后也将甘于平庸。

哈佛大学的心理学家认为，80%的人在绝望还没有真正到来的时候就绝望了，而剩下的人中，又有80%的人在绝望真正到来的时候绝望了。只有极少数的人，可以在真正令人绝望的时刻还能保持一种顽强的生命力。就是这些极少数能够坚持到底的人，最后攀上了成功的高峰。在绝望的时候再等一下，你距离成功只有一步之遥，你的坚持会让绝望生出希望。

有这样一则寓言：

一个老婆婆在地里种了一大片玉米。秋天到了，在老婆婆精心的照料下，玉米都成熟了，院子里面一片金黄，玉米个个饱满。老婆婆十分高兴，认为今年是一个大的丰收年。

玉米地里一个玉米看了看周围其他的玉米，心里想：主人一定会先摘我，因为我是这里最好的玉米。这个玉米内心十分得意，等待着老婆婆来收获。

可是等到收获的那天，老婆婆并没有把它摘走。

“明天，明天她一定会把我摘走的！”这个饱满的玉米这样安慰自己。

第二天，老婆婆又收了其他的一些玉米，可是这次还是没有那个玉米。

“明天，她一定会把我摘走。”它有点生气了，但还是继续安慰自己。

第三天，老婆婆并没有来，第四天、第五天、第六天也一样，已经过半个月了，老婆婆还是没有来。

这个饱满的玉米一开始还自我安慰，之后便更加生气，责怪主人把自己忘了。每当想到自己的境遇，哀伤连连，到了第十四天，它彻底绝望了。

由于长时间没有采摘，玉米原来饱满的颗粒已经变得干瘪坚硬。看着自己的变化，它只好在绝望中增添伤感。

但是就在第十六天，老婆婆来了，一边摘下它一边说：“这是几年来最好的玉米了，用它当作种子，明年肯定能够种出更棒的玉米。”

也许我们一直都很相信自己，但是你是否有耐心在绝望的时候再等一下？世界上，没有所谓的“常胜将军”，偶尔的失败是正常的，因为偶尔的挫败而失去信心、放弃努力是胆小懦弱的表现。抱怨自己毫无作用，失败后我们要做的就是乐观地坚持自己的事业。成功的法则是：谁是勇者，谁能坚持到最后，谁就是胜利者。成功不是轻易能够做到的，成功的路上总是有很多失败等着我们，但是不要灰心，不要绝望，成功往往躲在拐角后头。你离它很近，虽然你无法看到它，但是它的确距离你只有一步之遥，你只需要再坚持一会儿，它就属于你了。

在犹太圣典《塔木德》中这样一句诠释失败的经典：“失败绝不会是致

命的，除非你认输”。这句话，曾经让无数的犹太商人在失败中选择了永不放弃，也成为了犹太商人的经商之道。

犹人商人该亚•博通就是一个勇敢的人，正是这一点，使他获得了辉煌的成功。

该亚•博通早年埋头于发明创造，他先是发明了脱水肉饼干，不但没给他带来多少好处，相反，却让他在经济上陷入窘境。有了第一次失败的教训，又经过两年反反复复的试验，他终于又制成了一种新产品——炼乳，并决定把它推向市场。该亚•博通的第一步是要寻找专利保护。

该亚•博通发明的炼乳，是一种纯净、新鲜的牛奶，牛奶中的大部分水分在低温中利用真空抽掉。但是该亚•博通为他的制造方式寻求专利权时，得到的答复是产品缺乏新意，并且，专利局官员告诉他，在已批准的专利申请存档中已经有数十种“脱水乳”的专利权，其中包括一种“以任何已知方法脱水”。该亚•博通并不甘心，又一次提出申请。但他的第二次申请又再度被驳回，这因为专利官员判定“真空脱水”并非必要的过程，该亚•博通只是被认为制作态度比较谨慎而已。第三次申请仍被拒绝，理由是该亚•博通未能证明“从母牛身上挤出的新鲜牛奶在露天地方脱水”与其他的制作方式的目的不一致。

虽然三次申请，三次被驳回，但并没有把该亚•博通击倒。他对专利权仍然穷追不舍，因为他坚信他的创造。他的第四次申请终于被批准了。

然而，虽然有了专利权，推销新产品也不是一帆风顺的。该亚•博通的工厂是由一家车店改造的，租金便宜。刚开业时，该亚•博通每天花费18个小时在厂里指导炼乳的生产方法，监督生产程序，检查卫生清洁情况。后来该亚•博通谨慎地挑选一位社区领袖做他的第一位顾客，因为这位社区领袖对炼乳的意见有助于巩固新公司及其新产品在该地区的地位，而且这位社区领袖对产品也表示了赞赏。但是，当时当地的顾客习惯把掺有水分的牛奶放入一些发酵品进行蒸馏，他们只觉得炼乳稀奇古怪，对它有疑心，所以很少有人问津。出师屡屡不利，甚至到了山穷水尽的地步——该亚•博通的两位合伙人都失去了信心，第一家炼乳厂被迫关闭了。

在失败面前，该亚•博通破釜沉舟，又建起了新厂，精诚所至，金石为开，他的第二次尝试终于获得了成功。他的公司在他逝世时，已根深蒂固，成为美国具有领导地位的炼乳公司。

该亚•博通的创业奋斗也奠定了现代牛奶工业生产的基石。

在该亚•博通的墓碑上，有这样一段墓志铭："我尝试过，但失败了。我一再尝试，终于成功。"最后那段路往往是最难跨越的门槛，因为我们在历尽艰辛、心力交瘁的时候，一个小小的意外或是障碍都可能把我们击倒。在这个时候，意志就显得至关重要。在绝望的时候，对自己呐喊：挺住，再坚持一下，再坚持一下！因为只有我不倒下，才有取胜的可能。胜利往往来自于"再坚持一下"的努力之中。

一个拳击手曾经说过："在拳击场上受到对手猛烈重击的情况下，倒下是一种解脱，或者说是一种诱惑。"绝望的时候，整个人就像是米饭被闷在高压锅中，不知道何时停火，也不知道何时开盖。绝望是一种痛苦，放弃是一种非常大的诱惑，当绝望侵袭时，很多人承受不住这种痛苦，接受了诱惑，让人遗憾。

成长中的青少年，正值初生牛犊不怕虎的年纪，你们有的是时间和机会，不要轻言放弃，更不要轻易绝望，你们的人生有无数的可能。青少年应该有勇气跨越障碍，有责任走向成功，有毅力坚持到最后。即使失败了，青少年还有无数个机会，如果轻言放弃，如果经常产生绝望感，又怎么有勇气有信心有能力面对和处理未来更大的困难和障碍？

◎哈佛图书馆

《万历十五年》是黄仁宇的一部明史研究专著。1587年，在西欧历史上为西班牙舰队全部出动征英的前一年。当年，在明朝发生了若干为历史学家易于忽视的事件。这些事件，表面看来虽似末端小节，但实质上却是以前发生大事的症结，也是将在以后掀起波澜的机缘。其间关系因果，恰为历史的重点。其著作主旨在书中末段看出："当一个人口众多的国家，各人行动全凭儒家简单粗浅而又无法固定的原则所限制，而法律又缺乏创造性，则其社会发展的程度，必然受到限制。即便是宗旨善良，也不能补助技术之不及。"

◎哈佛考考你

从衣服款式看你的自信心：又到了该换季的时候了，该把衣橱整理整理喽。整理了半天，你发现你衣橱中什么式样的衣服最多呢？

A.最新流行服饰

B.颜色鲜艳或是样式夸张华丽的服饰

C.宽大的衬衫或T恤

D.单色款式简单的服饰

选择A：你是那种外表自信，可是内在却很心虚的那种人。你非常害怕别人会看出你内在信心的不足，所以在不知不觉中，会随着社会所认同的价值而随波逐流，但是往往又不能完全理解其中的道理。看来你要再用功点，多做点人际功课吧！

选择B：虽然你看起来有旺盛的表现欲望，可是事实却不然，这样的包装，只是你用来掩饰你内心不安的武器。其实你是有点神经质的人，一有点事就可能有过当的反应出现，所以在外表上，你必须装得毫不在乎，这样才能让你有安全感！

选择C：表面上看起来，你好像是一个很好说话的人，其实最最固执的人就是你了。一旦发起牛脾气来，任谁也拗不过你。害羞、冷漠是你用来掩饰害怕和人群接触的自然反应！

选择D：你是一个有自信的人，虽然你不是做到态度上的咄咄逼人，可是只要你坚持一个想法，无论别人如何去唆使、引诱，你都不为所动。不过这不代表你是刚愎自用的，相反地，你很喜欢听到别人对你的建议！

没有过不去的坎儿，只有过不去的人

苦难是人生最好的大学。只要能迈过苦难的坎，每一个人都可以顺利毕业，都会有鲜花簇拥的那天。

美国前总统罗纳德•里根曾讲述过这样一段亲身经历：

在他幼年的时候，每当他遇到挫折或失意时，母亲就会这样告诉他："最好的总会到来，如果你坚持下去，总有一天你会交上好运。并且你会认识到，要是没有从前的失望，那是不会发生的。"

母亲幼年告诉他的话，直到他在1932年从大学毕业后才深刻地明白。当时他计划在电台找份工作，然后再设法去做一名体育播音员。于是，他就搭便车去了芝加哥，敲开每一家电台的门，但每次都碰了一鼻子灰。

无奈的里根又搭便车回到了伊利诺伊州的迪克逊。虽然迪克逊没有电台，但里根的父亲说，蒙哥马利•沃德公司开了一家商店，需要一名当地的运动员去经营它的体育专柜。由于里根在迪克逊中学打过橄榄球，于是就提出了申请。

然而，里根仍未能如愿，他失望的心情溢于言表。此时他失望极了，给母亲打了一个电话，但是母亲还是告诉他同一句话："最好的总会到来。"于是父亲把车借给了他，里根又驾车行驶了70英里来到了特莱城。

里根试了试爱荷华州达文波特的WOC电台。节目部主任彼特•麦克阿瑟告诉里根说他已经雇用了一名播音员。当里根离开他的办公室时，受挫的郁闷心情一下子发作了。里根大声地问道："要是不能在电台工作，又怎么能当上一名体育播音员呢？"

当失望到极点的里根正在等电梯时，突然听到了麦克阿瑟的叫声："你刚才说体育什么来着？你懂橄榄球吗？"接着他让里根站在一架麦克风前，叫里根凭想像播一场比赛。结果，里根被录用了。

苦难只是暂时的，只要我们能够像河蚌一样，与沙子苦苦拼搏，坚持不懈，就会产出晶莹璀璨的珍珠；只要我们能够像曹雪芹一样，在"一把辛酸泪”之后，仍坚持不懈，就会有石破天惊的《红楼梦》。

苦难是人生最好的大学。卢梭在《埃米尔》一书中说：我的一生中曾有过短暂的得意，幸运的时刻，它们几乎都没有给我留下持久的回忆。相反，在那些艰苦的岁月里，我却总是满怀温馨、甜美的感情为受伤的心灵抹上香膏，将痛苦化为欢乐，而把当时的苦和累忘得一干二净。在苦难和挫折面前，只有成功者才不会被他们所压倒，也正是他们在苦难中学会了坚持，所以苦难成为了他们通向成功路上的“通行证”。

在1832年，一个美国人失业了，这让他非常伤心，但他下决心要当政治家，当州议员，糟糕的是他失败了。在一年里遭受两次打击，他甚至有些抱怨命运的不公，但他告诉自己，失败，没有什么可怕的。

于是他开始着手创办自己的企业，可是一年不到，这家企业又倒闭了。以致于在他后来的17年时间里，他不得不为偿还企业倒闭时所欠下的债务而四处奔波，历尽磨难。

后来，他再一次参加竞选州议员，这次他终于成功了。他内心萌发了一丝希望，以为自己的生活有了转机：“可能我可以成功了！”

在参选成功后的第二年，也就是1835年，他订婚了，但距离结婚几个月的时候，他的未婚妻不幸去世。这让他心灵憔悴，数月卧床不起。但后来他觉得他不能一直这样，于是在1838年他觉得身体状况良好时，决定竞选州议会议长。可他失败了。1843年，他又参加竞选美国国会议员，但这次仍没有成功。

要是你处在这种情况下，会不会放弃努力呢？他虽然一次次地尝试，但却是一次次地遭受失败：企业倒闭，爱人去世，竞选败北。要是你碰到这一切，你会不会放弃——放弃这些对你来说很重要的事情？

他没有放弃，他更没有说：“要是失败会怎样？”

1846年，他又一次参加竞选国会议员，这次最后终于当选了。

两年任期很快过去了，他决定要争取连任。他认为自己作为国会议员表现是很出色的，相信选民会继续选举他。但结果很遗憾，他落选了。

因为这次落选他赔了一大笔钱，他申请当本地的土地官员。但州政府把他的申请退了回来，上面指出：“作本州的土地官员要求有卓越的才能和超凡的智力，你的申请未能满足这些要求。”

接连又是两次失败。在这种情况下，你会继续努力吗？你会不会说“我失败了”？

然而，他没有服输。1854年，他竞选参议员，但失败了；两年后他竞选美国副总统提名，结果被对手击败；又过了两年，他再一次竞选参议员，还是失败了。

这个人尝试了11次，可只成功了2次。要是你处在他这种处境，你会不会早就放弃了呢？这个在9次失败的基础上赢得2次成功的人便是阿伯拉罕•林肯，他一直没有放弃自己的追求。他一直在做自己生活的主宰。1860年，他当选为美国总统。

阿伯拉罕•林肯遇到过的敌人，你我都曾遇到。他面对困难没有退却，没有逃跑。

他坚持着，奋斗着。他压根就没想要过放弃努力，他不愿放弃，所以他成功了！

下面是林肯在进入白宫前的简历，我们可以看看：

1816年，家人被赶出了居住的地方，他必须工作以抚养他们。

1818年，母亲去世。

1831年，经商失败。

1832年，竞选州议员——落选了！

1832年，工作也丢了，想就读法学院，但进不去。

1833年，向朋友借钱经商，但年底就破产了。接下来他花了十六年，才把债还清。

1834年，再次竞选州议员——赢了！

1835年，订婚后即将结婚时，未婚妻却死了，因此他的心也碎了！

1836年，精神完全崩溃，卧病在床六个月。

1838年，争取成为州议员的发言人——没有成功。

1840年，争取成为选举人了——失败了！

1843年，参加国会大选——落选了！

1846年，再次参加国会大选——这次当选了！前往华盛顿特区，表现可圈可点。

1848年，寻求国会议员连任——失败了！

1849年，想在自己的州内担任土地局长的工作——被拒绝了！

1854年，竞选美国参议员——落选了！

1856年，在共和党的全国代表大会上争取副总统的提名——得票不到一百张。

1858年，再度竞选美国参议员——再度落败。

1860年，当选美国总统。

为什么有的人能成功，而有人的却仅仅差一步还是跌入了失败的深渊？就是因为那些成功者，即使面对的是极其渺茫的希望，不到最后一刻，他也不会放手，而是死死抓住这点希望不放，在最后的坚持中赢来奇迹的出现。

哈佛人常这样告诫自己：成功最青睐执著的人，这类人即使是在最黑暗的夜晚，也会坚定信念信心满满地向前走，勇敢地穿越漫漫长夜，最终迎来阳光灿烂的日子。所以青少年朋友应该像哈佛人一样，把“不抛弃、不放弃”作为人生的一种信念，无论遇到什么困难、什么挫折，都将它们当作人生修炼的最高学府，勇敢地走出去，那么成功就离我们不远了。

◎哈佛图书馆

《中国人史纲》是台湾作家柏杨先生最重要的著作之一，也是近代以来中国作家著史的最杰出代表作。该书完成于监狱之中，以近八十万字的篇幅，讲述和评论了从盘古开天地的神话时代到二十世纪第一年八国联军入侵北京的整部中国历史。全书文字舒展漂亮，如行云流水；评论尖锐深刻，洞幽烛微。

◎哈佛考考你

测试你的抗挫折指数：想象一下你在一个小公园，总会觉得这个公园少了什么，你的直觉是少了下面哪一样东西？

A.秋千

B.跷跷板

C.溜冰场

D.带狗散步的人

E.喷水池

答案分析：

选择A：抗挫折指数：80%

你因为怕家人担心，而努力让自己站起来。你的心很软，牵挂父母家人，工作上如果跌倒和失败，你第一个想法就是不能让家人担心。

选择B：抗挫折指数：55%

你有运动家精神，会反省失败的原因再站起来。你有自己的平衡点，失败时第一个直觉就是会静下来反省自己问题到底出在哪里，之后再参考很多宝贵的意见重新再出发。

选择C：抗挫折指数：99%

你不服输的钢铁性格会在最短时间站起来。你的字典里面没有失败和输这几个字，你觉得自己有不好的时候一定会拼命把自己做到最好，而且把运动家钢铁的精神发挥到淋漓尽致。

选择D：抗挫折指数：40%

你需要好朋友或爱人给你力量找回信心。你内心深处需要很多很多的爱，作为你的原动力，因此你受到挫折时家是一个很温暖的地方，在家人的鼓励下你才有勇气站起来。

选择E：抗挫折指数：20%

你会想当流浪汉，先流浪一段时间再找新机会。你对人非常信任，如果失败可能是对信任的人失去信心，或者是信任的人出卖你才会失败。这让你会对人性有不信任的感觉或有疏离感，因此会让自己去放空去流浪一下。

无论遇到什么，都别把自己的命运放在别人手里

一天，一个终日抱怨自己愚笨、学习成绩不好的学生，终于鼓起勇气找老师指点迷津。他问老师说："这个世界到底有没有命运？如果有，我的命运又是怎样的呢？是不是就跟我这样，无论怎么努力学习，都因为没有聪明的大脑，总是落后于别人？"

老师听了他的话笑了笑，看着他说："当然有命运，至于你的命运是什么，我就无从得知了？"

学生又问道："既然有命运，就是命中注定的，奋斗还有什么意义？"

老师没有直接回答他，而是指着他手中的纹线说："这条是生命线，这条是爱情线，这条是事业线。"然后便叫那位学生举起左手，握紧拳头。

见学生一脸迷惑的样子，老师说："握紧了吗？"年轻人点了点头。

老师意味深长地笑着说："你手里握着的是什么？"

那位学生还是不解，因为手里什么都没有。于是老师问道："刚才指给你看的那些生命线、爱情线、事业线组成的就是命运。"

学生恍然大悟地说："我握紧的就是命运，命运就在我的手里。"

很多青少年可能都曾经或者正在抱怨命运，抱怨自己没有富裕的家境，没有地位显赫的父母，没有一颗天生聪明的脑瓜子。但是他们却很少想过，命运就掌握在自己的手里，能够改变命运的只有自己。

哈佛大学心理学教授曾说过，要么你驾驭生命，要么生命驾驭你，你的心态决定你是坐骑还是骑手。所以不管昨天发生了什么，不管昨天的自己有多难堪、有多无奈、有多苦涩，都过去了，总有柳暗花明的那一天。把昨天抛到脑后，每一天都从零开始，努力地做一个改变命运的的骑手。

有一个孩子，他从记事起就知道父亲是个赌徒，母亲是个酒鬼。父亲赌输了，打完母亲再打他；母亲喝醉后，同样也是拿他出气。拳打脚踢中，他渐渐地长大了，但经常是鼻青脸肿、皮开肉绽。好在那条街上的孩子大都与他一样，成天不是挨打就是挨骂。

像周围大多数的孩子一样，他跌跌撞撞上到了高中时便辍学了。接下来，街头混混的日子让他备感无聊，而那些绅士淑女蔑视的眼光更让他觉得惊心。

于是，他一次次地问自己：这样下去不是和父母一样了吗？成了社会的垃圾、人类的渣滓，带给别人和留给自己的也只能都是痛苦。难道自己一辈子就在别人的白眼中度过吗？难道自己的命运就是这样了吗？

在一次又一次的痛苦追问后，他给出了一个答案——不！不应该听从命运的安排！于是他下定决心走一条与父母迥然不同的道路，但自己又能做些什么呢？

他长时间地思索着。从政——可能性几乎为零；进大企业去发展——学历与文凭是目前不可逾越的高山；经商——本钱在哪里……最后他想到了去当演员，这一行既不需要学历也不需要资本，对他来说实在是条不错的出路。可他哪里又有当演员的条件呢？相貌平平，又无天赋，再说他也没受过什么专业训练啊！然而，决心已下，他就开始付诸行动。他深信，只要努力去做，命运就一定会发生改变。

于是，他开始了自己的“演员”之路。他来到了好莱坞，找明星，找导演，找制片人，向一切可能使他成为演员的人恳求：“给我一个机会吧，我一定会演好的！”很不幸，他一次又一次地被拒绝了，但他并不气馁。他知道，失败一定是有原因的。每被拒绝一次，他就认真反省、检讨、学习……然后再度出发，寻找新的机会。为了维持生活，他也只好在好莱坞打工，干些粗重的零活儿，以便挣钱养活自己。

就这样，两年一晃就过去了，他遭到了1000多次拒绝。

面对如此沉重的打击，他暗自垂泪。难道真的没有希望了吗？难道赌徒酒鬼的儿子就只能做赌徒酒鬼吗？不行，我必须继续努力！他想到，既然直接做个演员的道路如此艰难，那么，能不能换一个方法呢？他尝试着“迂回前进”：先写剧本，待剧本被导演看中后，再要求当演员。毕竟如今的他已不是初来好莱坞的门外汉了，有了两年多的耳濡目染——每一次被拒绝都是一次学习和一次进步，他大胆地动笔了。

一年后，剧本写了出来，他又拿着剧本访遍各位导演：“这个剧本怎么样？让我当主演吧！”有的导演看后，认为剧本还可以，但至于让他这样一个无名之辈做主演，那简直就是天大的玩笑。不用说，他再次被拒之门外。

面对拒绝，他不断地鼓励自己：“不要紧，也许下一次就行，再下一次……”在他遭到1300多次拒绝后，一位曾拒绝了他20多次的导演对他说：“我不知道你能不能演好，但你的精神让我感动，我可以给你一个机会。我要把你的剧本改成电视连续剧，不过，先只拍一集，就让你当男主角，看看效果再说，如果效果不好，你从此便断了当演员的这个念头吧！”

最后，他终于凭借着自己的第一部影片《洛基》一炮打响，随着《第一滴血》等多部名片的问世，他受到全世界影迷的喜爱，成为了一位世界巨星！他就是大家熟悉的史泰龙。

史泰龙的健身教练哥伦布医生曾这样评价他：“史泰龙每做一件事都百分之百投入。他的意志、恒心与持久力都是令人惊叹的。他是一个行动家，他从来不呆坐着让事情发生——他主动地令事情发生。”

所以哈佛的学子也常这么告诉自己：失败只是暂时的，命运也是处于静止状态的，只要我们敢想、肯去行动，拥有坚韧的意志和坚持不懈的恒心，命运就一定会发生改变。确实，命运就是这样一个欺软怕硬的东西，如果你不想也不敢改变自己的命运，那么只能忍受命运的摆布与戏弄；但如果你发愤一搏，往往能让自己的命运改变，出现“柳暗花明”的景象。

◎哈佛图书馆

《高效能人士的七个习惯》是著名领导力大师、人际关系专家史蒂芬•柯维博士代表作。本书以“七个习惯”主题框架，汇集了作者10多年来对世界变化的思考。史蒂芬•柯维博士被《时代周刊》评为“美国25个最具影响力人物”之一，《经济学人》杂志推举其为“最具前瞻性的管理思想家”。

◎哈佛考考你

如果本世纪最壮观的流星雨将会来临，你会选择在哪里看这场流星呢？

A.海边

B.山顶

C.草地

D.屋顶

结果解析：

选择A：对你来说，当生活中出现挫折或者失败的时候，最好的安慰是爱情。所以，找到真心相爱的人，是你追求成功的同时必须要考虑的。

选择B：你是一个很乐观的人，相信再大的问题都会过去。对你来说，拥有一帮能够倾吐苦水的朋友是最重要的。

选择C：你有些喜欢靠幻想来排解压力和焦虑。这样的排解可以顶一时之需，但从长远来看，你还需要自我成长、锻炼自己应对现实和挫折的力量。

选择D：你通常喜欢把自己的生活安排得满满的，让工作占据你大多数时间，这样的你比较容易出现人际关系问题。所以，你最需要的是扩大社交圈，融入群体之中。

第十二章

魅力四射：情商高的人，机遇都会对你微笑

智商只占七分之一：哈佛为什么录取他？

哈佛大学，对于想去美国留学的同学来说，绝对是梦想的天堂。可是这神圣的顶尖大学的录取条件，还有招生考官的品味又是怎么样的呢？带着这样的疑问，如果你去网上一看，就会有很多类似于“哈佛大学录取分数线”、“哈佛大学申请条件”等资料。但是哈佛真的有所谓的分数线吗？我们来看看，毕业于哈佛大学的刘轩给我们的答案。

台湾作家刘墉曾问过哈佛大学博士毕业的儿子刘轩这样的问题：哈佛怎么挑学生？但是刘轩笑了笑，说他也弄不清。他只知道当年哈佛大学看上刘轩在高中时代为环保活动拍的短片，为学校歌剧作的曲，又看到他以中文发表的文章。而刘轩也没修一科AP（高中修的大学课程），也不见得在校是前三名，却被录取了。

这是为什么呢？哈佛的录取标准又是什么呢？

正如刘轩所说，哈佛录取选择没有什么标准。确实，哈佛大学乃至全美国的大学招生体系中，都没有一项统一的标准，也没有“高考状元”这个概念。虽然大学招生中的第一项指标是考核学生的学识基础，考试的分数也占据了重要的位置。但与“一考定终身”所不同的是，分数只是大学考虑录取的基础，既不是唯一也不是全部，智商可能只占到七分之一。

这是一个申请哈佛大学的华裔孩子的成绩：

分数：所有学科全A，连选修课也全部满分

语言：英语、西班牙语、中文

奖项：美国物理奥赛全国前三名

当我们看到这样一个“学霸级天才”的申请人的时候，可能会想，这绝对是哈佛大学所需要的学生。但是结果呢？哈佛大学在经过长时间的谈论后，决定放弃这名学生。

哈佛大学一名退休的校长，曾在一次采访中谈到该校喜欢招收什么样的学生。他说：“杰出的大学生来源于优秀的高中生，我们是一个极力培养、鼓励高中生具备创新思维和创造能力的学校。”

他还曾对“学霸级”的人为什么没有被录取解释道：“成绩固然是重要

的，但我们更需要一个全面发展的孩子。在学业方面的表现非常抢眼，但是除了这些成绩单，我们似乎看不到别的。我们需要的学生，除了具有学习的天赋，还有健全的人格，甚至是具有影响力的孩子。哈佛固然希望招收学业有成的孩子，但并不是要学习机器。”

确实，美国社会对一流高中生的赞美并不局限于好的课堂成绩，而是多方面的。要成为哈佛的学生，光学习好是不行的，还要看他是否有开创新天地的创造性；仅有知识是不够的，还要看他是否有探索未知的好奇心；单关心自身专业领域是不足的，还要看他是否有关注其他方面的广泛兴趣。

或许这就是哈佛的招生标准。所以你是不是应该在关注学习成绩的同时应该停下来想想，自己想过什么样的人生，是否有自己的兴趣爱好，是否想在某个领域成为一个有影响力的人，是否曾关注过环境、救助过流浪的动物等等。

◎哈佛图书馆

《钢铁是怎样炼成的》是前苏联作家尼古拉•奥斯特洛夫斯基所著的一部长篇小说，于1933年写成。小说讲述保尔•柯察金从一个不懂事的少年到成为一个忠于革命的布尔什维克战士，再到双目失明却坚强不屈地创作小说，成为一块坚强钢铁（是指他的精神）的故事。

◎哈佛考考你

我们为什么要录取你？

提示：如果你回答：“我觉得自己很优秀。”话语中虽然充满自信，但这样说过于笼统，对方无法判断你的优秀表现在什么地方。所以不妨从知识、能力和技能等几方面说，会让人更信服！

____

____

____

你有没有想过，为什么成功者通常都魅力四射

一位哲人曾经说过：一个人最宝贵的财富不是数不尽的金钱，更不是俏丽的容颜，而是人性中焕发的最本质的魅力！一个充满魅力的人，就像暗夜里腾空而起的礼花，不仅能够影响到身边的人，还能给人心灵的陶冶以及美的享受。

青少年朋友有没有想过，为什么成功者通常都魅力四射呢?

成功者的魅力是由内而外散发的，那是一种气质、一种品格、一种精神。这种魅力是发自内心的热情，热爱生活、热爱学习、热爱生活中的一切；这种魅力也来自于自尊、自信，来自于一个人的包容之心。换言之，这些魅力都是一个人内在修为的体现，是一个人情商高低的真实写照！情商高的人总能在纷繁的世界找准自己的位置，适应世事的变迁，并且散发出最耀眼的光彩。

在哈佛大学，成绩并不是决定一个人成就的最重要条件，哈佛在选拔人才的时候更注重学生的综合素质。如果用哈佛心理学教授尼尔•戈尔曼的话来说，就是一个人的成功有百分之八十取决于这个人的情商而非智商。

如今，情商已经成为人际交往中的一种必要智慧，它不但能够激发你的潜能、调节你的情绪，还能够让你在人际交往中表现出良好的亲和力，让你充满魅力。这样说来，情商高的人也更容易抓住人生的机遇，让成功的步伐始终领先于别人。事实真是如此吗?也许你能从艾莉的故事中找寻到答案。

曾经就读于哈佛大学设计学院的艾莉是一个情商很高的女孩，她的脸上总是挂着淡淡的微笑，不管遇到什么事情都不争不抢，也不爱出风头。

按理说，这样的女孩应该很不起眼才对，可事实却恰恰相反。在一次评选活动中，艾莉光荣地获得了“最有魅力的女孩”的称号。更奇怪的是，这并没有引起其他女孩的嫉妒，她们都很喜欢艾莉，认为她是世间最美的天使。这也难怪了，即使是班里沉默寡言或者高调行事的人都和艾莉保持着十分友好的关系。

艾莉的高情商不仅仅表现在个人魅力上，她还懂得如何管理好自己的学

习和生活。无论艾莉的成绩领先别人多少，她身边的人都会为她送上最真诚的祝福，诚心为她感到高兴。由于她的人缘极好，每次有什么比赛或者评选活动，她都能得到最多的支持与鼓励。

艾莉是学院里公认的高情商美女，她不仅在学院里魅力四射，毕业之后的人生道路上她同样如鱼得水，总能得到他人的赏识和青睐。

尽管艾莉取得了许多不俗的成就，不过用她的话来说，这一切都要感谢上帝的厚爱！她只是懂得认识自我，懂得控制情绪，懂得爱与感恩罢了。

无论在工作还是在学习中，情商所发挥的作用都远远高于智商。人们常说，三分做事七分做人，做事的三分其实就是智商，做人的七分就是情商了。

在哈佛大学一直流传着这样一句话："智商决定录用，情商决定提升。"根据哈佛大学的一次调查报告显示，世界顶尖实验室的一流人才并非都是那些智商过人的名牌大学毕业生，相反那些智商一般情商却很高的研究员却以其丰硕的科研业绩成为了众人心目中的明星，闪耀着夺目的光彩。这其中的奥秘就在于，那些情商高的人更能适应现代社会的激烈竞争，也更容易获得成功。

所以青少年朋友，想让自己成为一个魅力四射的成功者，就要学会认识自我，控制情绪，时刻保持乐观自信，做一个高情商的人。

◎哈佛图书馆

《伦理学》是荷兰哲学家斯宾诺莎一生哲学思想的结晶。该书所阐述的实体、属性和样式的学说，是十七世纪西欧先进的唯物主义哲学思想发展的总结。它肯定了唯一独立存在的自然物质实体是各种物体相互联系的整体，坚持了从世界本身来说明世界的唯物主义观点。斯宾诺莎《伦理学》一书所阐发的哲学思想在近现代欧洲哲学史上产生了多方面的影响。黑格尔就曾经明确地提出，要研究哲学，就必须首先作一个斯宾诺莎主义者。马克思在他的哲学著作中，也经常把斯宾诺莎作为近代哲学史上唯物主义和辩证法的杰出代表。

◎哈佛考考你

你知道自己的性格魅力是什么吗？下面就来做个测试，看一看你的性格魅力是什么吧！

题目：如果上帝给你一瓶神奇的魔法药水，只要你喝掉一整瓶就能预知自己一生所要经历的事情，那么你会如何对待这瓶药水呢？

A：只喝下能预知明天事情的分量

B：只喝下能预知未来一年的分量

C：将整瓶药水都渴完

D：不喝这瓶药水

结果分析：

选择A：你最大的魅力就是对自己很负责，也让别人对你充满信赖。在平时的学习中，你不会好高骛远，一下子就制定太远的目标，而喜欢从短程目标着手，按部就班地靠近梦想。

选择B：你的性格魅力是乐观，由于对未来拥有莫大的欲望，你经常梦想自己能够抓住成功的机遇，并且希望能够得到贵人相助。

选择C：你的魅力在于非凡的勇气和好奇心。和其他人相比，你更富有冒险精神，喜欢尝试新鲜事物，不过你时常过于注重结果，而忽略了努力的过程及艰辛。

选择D：你最大的魅力就是充满自信。在学习与生活中，无论你遇到什么样的困难，总希望通过自己的努力去解决，因为你相信自己的力量才是最大的。

9 幽默的人，总是和好运气如影随形

哈佛不仅是学生们学习的天堂，也是一座充满了欢声笑语的乐园。在这里，无论老师还是学生都面带微笑，见面寒暄时总不乏幽默的语句。所以，哈佛人从来不缺少幽默感。

正如哈佛名誉教授奇特•丁所说的那样："加尼福利亚州的农夫需要收割机来收获玉米，语言这玩意儿更需要得心应手的工具。"这种工具是什么？当然就是一个人的幽默感。

那么到底什么是幽默感呢？简单地说，幽默感是一种巧妙地揭露人际关系中矛盾冲突的智力，也是一种捕捉生活中乖谬现象的敏感力。它不仅能够让人开怀一笑，令人回味无穷，还不会引起他人的反感情绪。英国著名文学家培根曾说："善言者必善幽默。"所以，幽默也是一种特性，它最大的作用就是给你带来愉悦，并且引人深思。同时，幽默也是一种艺术表现，它能够改善他人对自己的评论，促进人际关系，让好运气如影随形。

可能在很多人看来，哈佛大学都是一个过于严肃的地方，任何幽默和逗笑都是一种不尊敬。然而事实却不是这样，比如作为世界一流商学院的执教者——哈佛商学院的教授们，就是一群充满幽默感的人！

几位来自哈佛商学院的教授，在哈佛网络授课平台上发布了一个搞笑的"中国课"视频。

视频中几位教授居然唱起了由"两只老虎"改编的"中国朝代歌"。这个视频一发布，立刻引起了学生们的围观，并且迅速在网络上窜红。

几位教授制作这个视频的初衷，是为了让学生们更加容易记住中国的主要朝代，从而更好地理解中国历史经验对于当代中国社会的影响。

尽管这种教学方法不是特别严谨，可是我们也不难从中读到哈佛教授风趣幽默的表达方式，而且随着教学的灵活性加强，这样的教育形式肯定还会再出现的。这样的幽默教学，学生们也更容易接受。

人们常说：幽默是心灵的"止痛剂"，是治愈心灵的良药。它可以让人忘掉烦恼，更加开心地面对生活，也能够化解人际间的紧张关系，让彼此间

的感情更加融洽。

幽默的确拥有无法估量的作用，它能够让尴尬的气氛得到调解，让人们对你充满好感。无论在怎样的场合，那些拥有良好幽默口才的人，总能在第一时间赢得他人的好感，获得众人的理解和支持。同时，幽默还能够化解人的尴尬，当你遇到特殊情况时不至于颜面扫地。

在第二次世界大战期间，有不少美国士兵离开自己的家乡，投入欧洲战场，只能够通过写信的方式和远方的亲人联系。

有一位名叫约翰尼的美国大兵收到了女朋友的书信，欣喜万分地拆开，可是信的内容却让他的面容僵住了。

原来，约翰尼的女朋友有了新欢，她写信告诉约翰尼，以后不要再联系了，并且让约翰尼将所有她的照片都寄还给她，免得日后再有瓜葛。

约翰尼感到十分难堪，愤怒地撕掉了信件。过了几天，他的心情终于安静下来，并且想要通过一种幽默的方式来化解自己的尴尬。

他走遍了军营，向每一位随军护士和女性军官索要相片，然后将得来的十几张照片寄回给女朋友，并且还附带了一页短笺，上面写道："这些照片里的女人都是我的女朋友，只是不记得哪一张是你了，请您自己选出自己的照片吧！等待您的回信！"

故事中的美国大兵可能显得有些幼稚，可是这种幽默的处理方式却足以令变心的女朋友啼笑皆非。这也是幽默的魅力之一吧！

我们知道，幽默是消除畏惧、平息怒气、缓解紧张的最好方法。幽默的语言往往让人领会到诙谐的情趣，让人在笑声中有所领悟。幽默也是自我保护的一种方法，幽默感强的人，其体内的新陈代谢就会比较旺盛，抗病能力也会更强一些，还可以延缓衰老。

一个人想要快速融入社会，最好的工具便是幽默感。当你遇到挫折和困难的时候，既不能陷入烦恼的状态中，又要面对客观的现实，这时候幽默的态度便是你度过难关的法宝。

当你学会了真正的幽默，就能够从心理上减轻挫折感，从而得到内心的安宁。这样，好人缘、好运气便会紧随你的左右了。

◎**哈佛图书馆**

《政府论》英国约翰•洛克的政治著作，出版于1690年。本书可视为政治学的研究范畴，但对法学研究而言，此书亦属必读之列。《政府论》汇集了洛克的主要政治哲学思想，不仅使洛克成为古典自由主义思想的集大成者，而且对于后世的现实政治产生了深远的影响。

◎**哈佛考考你**

有两位盲人，他们都各自买了两对黑袜和两对白袜，八对袜子的布质、大小完全相同，而每对袜子都有一张商标纸连着。两位盲人不小心将八对袜子混在一起。他们每人怎样才能取回黑袜和白袜各两对呢？

答案：袜子对半撕开，各拿一只。于是每人都拿到黑袜和白袜各四只。

沟通，是一门高深的社交技巧

哈佛大学是一个最为重视沟通的地方，而哈佛的每一个学子也都深知：沟通，是连接人与人心灵的桥梁。懂得沟通的人，做任何事情都可以如鱼得水，游刃有余。著名作家列夫•托尔斯泰就曾说过：“与人交谈一次，往往比多年闭门劳作更能启发心智。思想必定是在与人交往中产生，而在孤独中进行加工和表达。”

一位毕业于哈佛的年轻人，因从小生活在一个沉闷的环境中，导致他性格内向，不善于与人沟通，上学的时候，即使上课时没有听懂老师的讲解也没有勇气去请教。踏入哈佛之后，在学术上有好多看法和建议也都没有勇气大胆地讲出来，直到碰到了哈佛大学心理学教授哈尔。哈尔教授告诉他为什么他有满腹才华却得不到施展，就是因为他缺乏沟通的勇气和胆量。经过哈尔的一番鼓励和再三引导，那个年轻人终于敢于说出自己的看法和想法，并在学术上获得了很大的成就。

如果没有沟通，相互之间就不能认识、理解进而了解。就像故事中的年轻人一样，因为不善于与他人沟通，以至于得不到他人的重用，空有才华也无法得到施展。所以青少年应该注重沟通。学习上，那些敢于发言，向老师提问的人成绩虽然不一定是最好的，但他一定会受到老师赏识。在生活中，人与人之间的交流和沟通可以得到友谊和关爱。而不善于沟通的人就像空气一样，存在，却常常被人们忽略、遗忘。特别是在团队合作中，青少年更应该学会沟通，没有沟通的团队合作，是难以获得成功的。

在2006年世界杯赛上，巴西队虽然三战全胜小组出线，但存在着团队沟通不畅的问题。这些问题被带到了与法国队的四分之一比赛中来。由于主教练与队员之间、队员与队员之间没有及时并有效地沟通，因此就无法了解彼此的意图和想法，就没有办法达成共识、协调一致，从而发挥出团队的整体优势，结果无缘大力神杯。

而希丁克之所以能够带领韩国队取得优异的成绩，一个重要的原因就在于他打破了韩国队年轻队员不敢和长辈辩解，遇到问题也不敢越级沟通的规矩，创造了一种年轻队员与老队员之间、队员与教练之间能够顺畅沟通的良好环境和氛围。

上任初期，希丁克发现韩国队球员速度快、组织力不错，训练也积极认真、态度诚实，但缺乏沟通。队员无论做什么事情都按年龄排出序列，相互之间不习惯主动沟通，甚至人与人之间有长幼级别的沟通障碍。

希丁克认为长幼秩序是影响沟通、发挥团队威力的绊脚石。为了解决队员间沟通不足的状况，希丁克提出了一系列要求：不许球员间再使用“大哥”这样的称呼，也不许使用任何尊称；年轻球员不论在战术训练还是在比赛中，都要经常开口和前辈说话；吃饭时，要前后辈穿插坐在一起，随意地交谈；按摩时也不要前辈先做按摩，而是谁先到房间谁先做按摩；安排宿舍时他故意把前后辈球员安排在一个房间，让他们互相了解。

训练时，希丁克经常会故意错判比分，如果此时球员没有任何反抗地接受，他就会大喊：“明明我判错了，你们为什么不反对？”

比赛中，如果球员连半句话都不说，只是奔跑，他就会发火……

通过一系列的“沟通训练”，希丁克顺利把球员与球员之间，球员和教练组之间的自上而下的“垂直式沟通”、“金字塔式沟通”，灵活转化为双向的“水平式沟通”、“矩阵式沟通”。当顺畅的双向沟通成为一种习惯后，训练场上的气氛马上活跃起来，韩国队的成绩也取得了大幅度的提高，并于2002年世界杯赛上取得了进入四强的好成绩。

成功学大师卡耐基就曾说过：“一个人事业上的成功，只有15%是由于他的专业知识，另外的85%要依赖人际关系、处世技巧。”而成功的人际关系就离不开沟通。希丁克的成功，得益于团队沟通方式的改变，得益于沟通带来的融合、了解、协作、自信和鼓励。

那么我们如何在学习生活中做到有效地沟通呢？以下是哈佛心理学专家为青少年提供的九条沟通法则：

一、心里有事一定要讲出来、说出来。很多青少年总是爱心里藏事，遇到什么事情也不跟家人、朋友说，那样不仅事情解决不了，还让自己整天都紧张兮兮的。所以青少年朋友应该学会把心里的事说出来，尤其是坦白的讲出来你内心的感受、感情、痛苦、想法和期望。

二、与人沟通时要做到不批评、不责备、不抱怨、不攻击、不说教。批评、责备、抱怨、攻击这些都是沟通的刽子手，它们不仅不会解决问题，还会让问题恶化。

三、沟通时一定要做到互相尊重。只有给予对方尊重才有沟通，若对方不尊重你时，你也要适当地请求对方的尊重，否则很难沟通。

四、沟通时切忌口出恶言。有效的沟通不会伤害他人，反而能让对方或自己的心里更为舒畅。

五、记得不说不该说的话。如果说了不该说的话，往往要花费极大的代价来弥补，正是所谓的“一言既出，驷马难追”、“病从口入，祸从口出”，甚至还可能造成无可弥补的终生遗憾。所以沟通不能够信口雌黄、口无遮拦，但是完全不说话，有时也会变得更恶劣。

六、情绪中不要沟通，尤其是不能够做决定。情绪中的沟通常常无好话，既理不清，也讲不明，尤其在情绪中，很容易冲动而失去理性。

七、理性地沟通，不理性不要沟通。不理性只有争执的份，不会有结果，更不可能有好结果。所以，这种沟通无济于事。

八、沟通需要觉知，敢于承认自己的错误。如果自己说错了话、做错了事，如不想造成无可弥补的伤害时，最好的办法是什么？就是“我错了”。承认我错了是沟通的消毒剂，可解冻、改善与转化沟通的问题，就一句：我错了！勾销了多少人的新仇旧恨，化解掉多少年打不开的死结，让人豁然开朗，放下敌意，重新面对自己，开始重新思考人生。

九、肯于道歉，学会说“对不起”。说对不起，不代表我真的做了什么天大的错误或伤天害理的事，而是一种软化剂。

◎哈佛图书馆

《经济学原理》是哈佛大学经济学教授尼可拉斯•格里高利•曼昆的代表作。本书是世界上最流行的经济学教材，其英文原版现已被哈佛大学、耶鲁大学、斯坦福大学等美国600余所大学用作经济学原理课程的教材。迄今为止它已被翻译成20种语言在全世界销售100多万册。本书前四版的中译本自

1999年出版以来也一直是国内选用最多、最受欢迎的经济学教材。

◎哈佛考考你

这里有一对男女，正在交谈着，女孩正在微笑，那么在你眼中这位男士到底对这女性说了什么？

A.你真是面面俱到而且真聪明

B.你真是活泼大方

C.你的品位真好，你总是打扮得漂漂亮亮

D.你真是温柔呀

答案分析：

选择A：热情、感动型——你是一个能明明白白地表示自己好恶的人，因你从不忌讳谈论自己的情感，所以在别人眼中是个热情家。对于自己渴望的事物会积极地努力争取，越难达成越想去完成，不喜欢因循老套的生活方式，若从事自营事业或是自由业，定能如鱼得水般快乐。

选择B：谨慎、安全型——你是一个平常常有不切实际发言的人，可是当事情发生须做决定时却又表现得相当保守。但是，你会忠实努力去完成被交代的任务，在公司及家中会得长辈喜爱，绝不会为了自己的意见去反抗长辈。

选择C：反抗、叛逆型——当你被人指使去做事时，决不会好好去完成。非常讨厌一般大众化，在创造上非常有才华，对于自己认为对的事，决不轻易放弃，会战斗到底。

选择D：合理、知性型——你可能会被朋友认为是一个非常冷酷、无情的人，因为你对任何事都很少有反应过度的表现，如大哭大叫。因为当你遇到事情时，通常你都会以各种角度去分析、整理，再做决定，也不会被感情左右判断，很适合从事教职工作或司法行政相关的工作。

懂得分享：分享越多，收获越多

有一个小男孩，独自在玫瑰园里玩耍。不一会，他在不远处的花丛中，发现一朵大大的玫瑰花。顿时，在他的脑海里浮现出妈妈以前讲过的一个故事：“那一枝玫瑰花为什么会绽开得那么大呢？与众不同的它，会不会是神奇的玫瑰花王呢？”

于是，他小心翼翼地拨开满是针刺的花枝，准备把那一枝与众不同的玫瑰花掐下来，插到自家的花瓶里，独自欣赏。然而，当他准备用力掐断花枝的时候，一根锐利的刺，毫不留情地扎入他的拇指。

小男孩哭着直捂着被刺伤的手指，他哭着去找老园丁。

老园丁看到他狼狈的样子，惊讶地问：“那是一片多么祥和的玫瑰园呀！里面充满了花香，到处是玫瑰花的笑脸，而你为什么哭鼻子呢？”

小男孩气愤地说：“那些玫瑰花好讨厌！它们的花朵下面藏着好多好多针刺，将我的手指扎伤了。”

老园丁一边为他的伤口涂抹上紫药水，一边问道：“那它们为什么会扎伤你的手指呢？”

小男孩非常委屈地说：“刚开始，我很喜欢它们。后来，我看到一朵大大的玫瑰花，我就想把它采回家去，让它每天都伴着我。可是，它们一点都不懂得礼貌！”

听了，老园丁释然地笑了，然后，拍了拍小男孩的脑瓜说：“走，我们再一起到玫瑰园去。”

再一次走进花香浓郁的玫瑰园，小男孩肚子里的怨气已消了很多。他伸手指了指前面花丛中的一枝大大的、金黄色的玫瑰花，说：“我是真心喜欢它的，可它为什么要刺伤我？”

老园丁意味深长地说：“你看那些玫瑰花笑得多开心！不光是你喜欢它们，我也很喜欢啊，还有很多到玫瑰园里来赏花的人，还有蜜蜂和蝴蝶……它们的微笑和芳香，是用来送给每一个喜欢它们的人，你怎么能独自占有呢？如果每一个到玫瑰园来的人都像你一样，把自己喜欢的那朵花悄悄带走，那么玫瑰园的微笑和芳香就会越来越少，也许很快那些玫瑰就会枯萎了。”

听了老园丁的话，小男孩的脸蛋变红了。

美丽是因为分享而绽放的，如果一颗心被贪婪的欲念把持，结果往往会使自己生命中的那一朵原本芳香四溢的玫瑰彻底枯萎凋零。分享，才是人生中一枝最美的、永久绽放的玫瑰！只有懂得分享和奉献爱心的人，才能从生活中得到回报，才能获得成功。因为分享越多，获得就越多。

杰克是一位很有学识的果农，经过一年多的精心研究，他培植了一种皮薄、肉厚、汁甜而少虫害的新果子。正当收获季节，引来不少果贩纷纷购买，使杰克发了大财，增加了不少财富。

当地不少人羡慕他的成功，也想借用他的种子来种果子。杰克认为物以稀为贵，其他人也种这种果子会影响自己的生意，所以全部拒绝了。其他人没有办法，只好到别处去买种子。可是到了第二年果熟季节时，杰克的果子质量大大下降了，果贩们也都摇头不买他的果子。杰克伤透了脑筋，只好降价处理。

杰克想弄清楚产生这种现象的原因，于是来到城里找专家咨询。专家告诉他，由于附近都种了旧品种果子，唯有他的是改良品种，所以，开花时经蜜蜂、蝴蝶和风的传媒，他的品种和旧品种杂交了，当然他的果子就变质了。“那可怎么办？”杰克急切地问。“那还不好办？只要把你的好品种分给大家共同来种，不就行了？”

杰克即刻就按照专家的说法办了。结果这一年，大家都收到了好果子，个个都喜笑颜开。

明朝作家洪应明在《菜根谭》上说：“路径窄处，留一步与人行；滋味浓时，减三分让人尝。此是涉世一极乐法。”意思是说，在道路狭窄时，要留一步让别人能走；在享受美餐时，要分一些给别人吃。这是一个人立身处世取得成功的最好方法。杰克自以为可以独享财富，但没想到独享是那么短暂，而且还带来不良后果。后来，他把改良的品种分给大家种，不仅自己获得了财富，也帮助别人获得了财富，取得了双赢的成果。

曾经在美国费城的大楼上立起第一根避雷针、有着“第二个普罗米修斯”之称的富兰克林，说过这样一句话：“我读书多，骑马少，做别人的事多，做自己的事少。最终的时刻终将来临，到那时我但愿听到这样的话——‘他活着对大家有益’，而不是‘他死时很富有’。”是的，分享才能共赢。所以青少年应该切记，任何时候都不要吃独食。一个懂得分享的人，才是个有爱心与责任心的人；一个懂得分享的人，才是一个知冷暖、知风雨的人；一个懂得分享的人，才是一个拥有高尚情操的人，才是一个大写的人。

◎哈佛图书馆

《罗摩衍那》（梵语，意思为“罗摩的历险经历”），与《摩诃婆罗多》并列为印度两大史诗。作者是印度作家蚁垤（跋弥）。此书在印度文学史上被称作最初的诗，它不仅在印度文学史上占据着崇高的地位，而且对整个南亚地区和宗教都产生过广泛而深远的影响。全书诗体，用梵文写成，诗律几乎都是输洛迦（意译为颂），即每节2行，每行16个音节。全文共分为7章，24000对对句。内容主要讲述阿逾陀国王子罗摩（Rama）和他妻子悉多（Sita）的故事。

◎哈佛考考你

你相信宿命意义上的恶有恶报吗？

A.绝不相信

B.半信半疑

C.正好相反——恶有善报或者善有恶报

D.坚信

答案解析：

选择A：你很可能是这样一种人：黑天，死了的拉登躺在你面前你都不害怕；白天，活着的拉登站在你面前你很畏惧。

选择B：尽管你很可能对我的测试答案半信半疑，但是我还是要告诉你：你的抗恐怖心理素质是最差的。

选择C：你的神经最强硬。你很可能成大善，也很可能成大恶。

选择D：你阴气很重，容易皈依宗教。你的精神世界离太阳十分遥远，但是并不黑暗，月朗星稀，一片清明。

9 感恩：在任何地方，对任何人任何事说声“谢谢”

在哈佛大学的心理课堂上，查尔斯教授给学生们讲述了这样一个故事：

很久以前，有一个小男孩因生活贫困不得不靠挨家挨户地推销商品来积攒学费。

傍晚时，他感到身心疲惫，饥饿难挨，可是他的推销工作却很不顺利，这让他有些绝望。他想，如果这时能够得到一杯水，那该多好啊！于是他敲响了一家的门。开门的是一位美丽的小女孩，她给了他一杯浓浓的热牛奶，令饥渴的男孩感激万分。

许多年之后，这个小男孩成了一位小有名气的外科大夫。一位妇女因病情严重，当地的大夫都无计可施，便被转到了那位著名的外科大夫所在的医院。外科大夫为妇女做完手术后，惊喜地发现那位妇女正是多年前在他饥寒交迫时，给过他帮助的小女孩，当年也正是那杯热奶使他又鼓足了生活的信心。

正在那位妇女为昂贵的手术费而愁眉不展时，她猛然发现手术费单子上有这么一行字：手术费=一杯牛奶。

查尔斯教授讲完这个故事后，学生们都十分动容。查尔斯教授说：“拥有一颗感恩的心，会让那些为我们付出的人感到生命里充满了温馨；常怀一颗感恩的心，会让我们的灵魂更加纯净。一个懂得感恩的人，是一个有情有义、内心富有的人。感恩是一种歌唱生活的方式，是人生幸福的源泉，更是一个人立命于天地间的大智慧。”接着，查尔斯教授又给学生们讲了另一个有关“感恩”的故事：

那是在经济大萧条时期，小镇上所有的家庭都面临饥荒与贫困带来的危机，对于他们来说，温饱问题的解决都显得颇为困难。

小镇最富有的面包师为了帮助人们度过饥荒，将镇上最穷的20个孩子叫过来，对他们说：“你们每一个人都可以从篮子里拿一块面包。以后你们每天都在这个时候来，我会一直为你们提供面包，直到你们平安地度过饥荒。”

每天早晨，这些饥饿的孩子蜂拥而上，围住装面包的篮子你推我攘，因为他们都想拿到最大的一条面包。等他们拿到了面包，顾不上向好心的面包师说声谢谢，就慌忙跑开了。只有克莉丝，这位衣着贫寒的小姑娘，既没有同大家一起吵闹，也没有与其他人争抢。她等其他孩子离去以后，才拿起剩在篮子里最小的一条面包。她从来不会忘记亲吻面包师的手以表示感激，然后才捧着面包高高兴兴地跑回家。

有一天，别的孩子走了之后，羞怯的小克莉丝得到一条比原来更小的面包。但她依然不忘亲吻面包师，并向他表达真诚的谢意。

回家以后，妈妈切开面包，发现里面竟然藏着几枚崭新发亮的金币。妈妈惊呆了，对克莉丝说："这肯定是面包师不小心掉进来的，赶快把它送回去吧。"

小女孩儿拿着金币来到了面包师家里，对他说："先生，我想您一定是不小心把您的金币掉进了面包里，幸运的是它并没有丢，而是在我的面包里，现在我把它给您送回来了。"

面包师微笑着说："不，我的孩子，这没有错，是我特意把它们放进去的。我要告诉你一个道理：感恩的人，上帝会给予他幸福。愿你永远保持一颗宁静、感恩的心。"

生活中，我们每个人都在不断地接受他人的恩惠。从小时候就领受了父母的养育之恩；等到上学，有老师的教育之恩；再以后，又有领导、同事的关怀、帮助之恩；年纪大了之后，又免不了要接受晚辈的赡养、照顾之恩。但只有像克莉丝这样懂得感恩的人，才会获得更多的快乐，更多的收获。

怀抱一颗感恩的心，犹如在生命的旅途中点燃了一盏明灯；怀抱一颗感恩的心，犹如掌握了人生宫殿之门的钥匙；怀抱一颗感恩的心，犹如在人生的海洋中拥有了一艘坚固的船……只有那些怀有感恩之心的人，才能视万物皆为恩赐。当我们心中充满了感恩之情时，世界才会变得无比美好，经历苦难才会甘之如饴。

◎哈佛图书馆

《摩诃婆罗多》是享誉世界的印度史诗。它的汉语全译本，约有五百万字，和《罗摩衍那》并列为印度的两大史诗。《摩诃婆罗多》现存的本子是在一部史诗的基础上编订加工而成，其中有长篇英雄史诗，而且有大量的传说故事作为插话，有宗教哲学以及法典性质的著作。有十万“颂”（诗节），内容篇幅相当于《罗摩衍那》的四倍，被称为百科全书式的史诗，规模宏大，内容庞杂。印度现代学者认为《摩诃婆罗多》是印度的民族史诗，堪称是“印度的灵魂”。

◎哈佛考考你

有一种情感可以给心插上一双翅膀，带着心在天堂里飞翔。它的名字叫——感恩。下面来测测你的感恩之心吧。

1．你对祖国的忠诚度是？

A．50%　B．90%　C．100%

2．对于亲人对你的倾情付出，你会对他们表示感谢吗？

A．基本不会　B．有时会　C．经常会

3．在大街上遇到乞讨者，你会？

A．避而远之　B．坦然走过　C．给予帮助

4．对于你所在的学校，你所持的态度是？

A．很不满意　B．有些不满　C．基本满意

5．在公共汽车上遇到行动不方便的老年人，你会？

A．无动于衷　B．不好意思让座　C．主动让座

6．在餐馆就餐，你会对服务员表示感谢吗？

A．从来不会　B．看有无必要　C．经常会

7．你还能记得几位教过你的小学老师的名字？

A．基本没印象　B．1～2位　C．多数都记得

8．你对报答父母养育之恩如何理解？

A．还父母的债　B．社会舆论　C．源于血缘的亲情

9．你如何看待你和竞争对手的关系？

A．对立关系　B．相互依存　C．让我成长

10. 对于别人善意的劝告，你所持的态度是？

A. 从不接受　B. 看心情　C. 虚心接受

结果分析：

如果A选项偏多，你要注意了，这说明你的感恩意识较为缺乏，建议你从上述问题中提到的行动开始，逐步树立感恩意识。

如果B选项偏多，说明你是个懂得感恩的人，你已经初步了解感恩的意义。希望你将这种感恩的意识转化为行动。

如果C选项偏多，恭喜你，你已经将感恩上升为人生中的大智慧。希望你感恩的行动不仅仅体现在回报层面，还要体现在奉献方面。

附　录

美国大学本科TOP30名校一览

哈佛大学 (Harvard University)

哈佛大学，是位于美国马萨诸塞州波士顿城的一所私立大学，1636年成立，是美国历史最悠久的高等学府，常青藤联盟的代表。哈佛大学商学院是全球最好的商学院，该校所有学科的教育水平都处于世界顶级，也是美国最难申请的大学之一，与耶鲁大学、牛津大学和剑桥大学并称为世界最好的大学，在世界上享有顶尖声誉、财富和影响力。该校一直坚持学术自由，学术自治和学术中立的原则。

优势学科：经济学，医学，法学

网址：www.harvard.edu

耶鲁大学 (Yale University)

耶鲁大学创建于1701年，是美国最受赞誉的常春藤盟校之一，坐落于美国康涅狄格州纽黑文。除了多样化的学生、全球性的远瞻眼光及杰出的研究成果外，耶鲁大学还崇尚推进变革。该校通过强大的学术课程培养学生的领袖服务意识，同时鼓励学生参与体育运动、社区服务等各种课外活动。在各个大学排名榜单中，都一直名列前茅，耶鲁大学以人文、艺术、历史、及法律等学科最有名。永远强调对社会的责任感、蔑视权威、追求自由和崇尚独立人格被认为是“耶鲁精神”的精髓，它是耶鲁人奉献给世人的一份宝贵财富。

优势学科：法学，文学，表演艺术

网址：www.yale.edu

普林斯顿大学 (Princeton University)

普林斯顿大学创建于1746年，是一所常春藤私立综合大学。学校占地600英亩，坐落于普林斯顿的一个居民区内，位于纽约市西南50英里。主校园的建筑为格鲁雷亚式和哥特式风格，另外还有许多新颖的现代建筑，多次被评为全美第一大学。校园活动丰富，内有5个大小不同的戏院及许多戏剧团体，有管弦乐队、合唱队、爵士歌舞团、歌剧院、礼拜团乐队、唱诗班、福音演奏组；学校有38个体育代表队。

优势学科：文学，经济学，国际关系

网址：www.princeton.edu

哥伦比亚大学 (Columbia University in the City of New York)

哥伦比亚大学坐落于最繁华的大都市——纽约。 学校覆盖多个学术领域，在艺术领域独具匠心。学校设有近100种研究领域供学生选择，另外还提供有数百种课外活动、研究、实习及留学机会。纽约的充满活力的社会和文化氛围，开拓每个学生的视野，该校属于常青藤学院。哥大最初的建校目标是："在已知的语言、人文和科学领域内教导和教育青年"。哥大最强调的一点是实践，注重学校与社会结合，鼓励教师走出课堂和学校，学以致用。

优势学科：数学，新闻，法律，医学

网址：www.columbia.edu

芝加哥大学 (The University of Chicago)

芝加哥大学1891年由约翰•洛克菲勒创办，是美国最富盛名的大学之一，该校先后共有89位师生获得诺贝尔奖。芝加哥大学拥有全美最顶尖的经济学专业。该校位于美国第三大城市芝加哥，学生生活、实习和就业便利。芝加哥大学的校训译成中文是"益智厚生"，意思是"提升知识，以充实人生。"

优势学科：生物工程，数学，文学

网址：www.uchicago.edu

斯坦福大学 (Stanford University)

斯坦福大学是世界公认的名牌大学。除了有知名教授传授一流的知识，学校还有极其丰富的课外活动及参加科研和公共服务的机遇。学校的使命是“让学生实现个人成就，成为有用之材”及“通过影响人类与文明，为大众谋福利”。斯坦福大学1300多位教授中，有10位诺贝尔奖得主，5位普利策奖得主，142位美国艺术科学院院士，84位国家科学院院士和14位国家科学奖得主，美国最高法院的9个大法官中有6个是从斯坦福大学的法学院毕业的。

优势学科：工程科学，生物科学，自然科学

网址：www.stanford.edu

宾夕法尼亚大学 (University of Pennsylvania)

宾夕法尼亚大学是一所始建于1740年的私立综合性大学，本杰明•富兰克林是学校的创建人。它在科学、艺术、工程和应用科技等领域为学生们提供广泛的课程。其中著名的沃顿商学院以培养商业精英闻名。占地260英亩的校区距离费城市中心只有2公里。美国宾夕法尼亚大学沃顿商学院位于费城，是世界首屈一指的商学院。沃顿商学院创立于1881年，是美国第一所大学商学院。

优势学科：商科，医学护理，建筑学，教育学

网址：www.upenn.edu

杜克大学 (Duke University)

杜克大学创建于1838年，是一所私立的研究型大学。杜克大学是国际知名科研型大学，学校位于北卡罗莱纳州的达勒姆，占地近9000英亩。在校本科生超过6000人，提供从生物医学工程到斯拉夫和欧亚研究在内的40余种学科。学校有出色的体育协会、创新的研究设施，致力于将知识应用于改善社会条件。杜克大学多年以来一直被评为全美最佳文科院校之一。相比美国的常春藤盟校的佼佼者，杜克大学历史较短，但无论是学术水准还是其他方面都能与常春藤名校相抗衡。

优势学科：公共管理，法学，医学，工程学

网址：www.duke.edu

麻省理工学院 (Massachusetts Institute of Technology [MIT])

世界最知名的理工大学，位于美国马萨诸塞州剑桥市。该校的使命是推进科学、技术及其他学术领域知识的进步及培养学生在21世纪以最好的水平服务国家和世界。麻省理工具有丰富的跨学科解决问题的专业技能，学院拥有独特的机遇及强烈的责任感，通过培养创新思想，在促进经济发展、培养当今所需的管理人员中履行自己重要的职责。该大学的工程系是最知名、最多人申请入读的学系，其中以电子工程专业和机械工程专业名气最响。

优势学科：信息科学，工程学，物理，生物

网址：www.mit.edu

加利福尼亚理工学院 (California Institute of Technology [Caltech])

加利福尼亚理工学院位于加州的帕萨迪纳，人们一般称之为“加州理工”。加州理工是一所私立精英研究学院，学校共有6个教学分部，提供有24种专业和6种辅修专业，其中工程与技术专业的课程久负盛名。尽管掌握知识和经验是加州理工教育的基石，该校还提供的丰富多样的课外活动更让学生能够均衡发展。学校有多个体育、表演、视觉艺术社团。在加州理工学院，丰富的学生文化与严格的教育制度相得益彰。

优势学科：工程学，物理学，生物学，信息科学

网址：www.caltech.edu

达特茅斯学院 (Dartmouth College)

达特茅斯学院成立于1769年，是美国历史最悠久的学院，闻名遐迩的常春藤学院之一。坐落于新罕布什尔州的汉诺威(Hanover)小镇。达特茅斯学院致力于通过卓越的研究和教学为学生提供最好的教育。学校的院系设置均是世界顶级的，包括：塔克商学院、泰勒工程学院、达特茅斯学院医学院等。艺术科学领域的研究生课程也是十分突出。

优势学科：经济，历史，政治学

网址：www.dartmouth.edu

西北大学 (Northwestern University[NU])

美国西北大学是一所始建于1851年的私立综合性大学，所属温伯格科学艺术学院、教育和社会政治学院、法学院、音乐学院均为学生们提供广泛的课程。它的凯洛格管理学院、麦考密克工程及应用科学学院、麦迪尔新闻学院、医学院还可提供研究生阶段的课程。它250英亩的校区坐落于Evanston，离芝加哥只有12公里。

优势学科：新闻传媒，艺术表演

网址：www.northwestern.edu

约翰霍普金斯大学 (Johns Hopkins University[JHU])

约翰霍普金斯大学是一所位于马里兰州巴尔的摩市的著名研究型私立大学。该校以其医学、公共卫生、国际关系及艺术等领域的卓越成就而闻名世界。该校的校友中，先后有37人获得诺贝尔奖。百余名美国科学院、工程学院、医学院、文理学院院士就职于约翰霍普金斯大学。

优势学科：医学，护理，生物

网址：www.jhu.edu

圣•路易斯华盛顿大学 (Washington University in St. Louis)

圣•路易斯华盛顿大学，成立于1853年，是一所综合大学。学校下设文理学院、建筑学院、艺术学院、商业管理学院、工程及应用科学学院。学校占地169英亩，主校区位于圣路易斯。

优势学科：政治，生物，人类学，管理学，文学

网址：www.wustl.edu

布朗大学 (Brown University)

布朗大学创建于1764年，被誉为最有创新精神的常青藤大学，个性化的教育理念闻名于世。学校占地140英亩，坐落在距离波士顿45英里的普罗维登斯，校园历史韵味浓厚。

优势学科：历史，文学，表演艺术

网址：www.brown.edu

康奈尔大学 (Cornell University)

康奈尔大学位于纽约州中心，距离纽约城较近。夏季阳光明媚，冬季寒冷，与中国沈阳的气候十分相似。知名校友包括：美国任天堂总裁、ipod开发商、前任中国驻美国大使等。

优势学科：酒店管理，商科，工程技术科学

网址：www.cornell.edu

范德堡大学 (Vanderbilt University)

范德堡大学位于美国发展最快的纳什维尔城市。范德堡大学的生物医学、工程学、生物学、化学和经济学排名均为全美前50。世界最著名的波士顿咨询集团和贝恩咨询公司的创始人均毕业于范德堡大学。该校也有很多知名的中国校友，宋氏三姐妹的父亲宋嘉树就是在1885年毕业于该校的。

优势学科：生物医学，工程学

网址：www.vanderbilt.edu

圣母诺特丹大学 (University of Notre Dame)

圣母诺特丹大学与天主教渊源深厚，尤其喜欢招收信仰天主教的中国留学生。在US News颁布的“全美会计专业排名”中位列第7、“全美商科专业排名”位列第14、“美国大学排名”位列第19、“工科专业排名”位列第42。该校的工程专业、商科专业和会计专业尤其受中国留学生青睐。

优势学科：建筑学，商学，工程技术科学

网址：www.nd.edu

莱斯大学 (Rice University)

莱斯大学成立于1892年，位于美国南方得克萨斯州休斯敦市郊，有着卓越的教学理念、全美最佳的师生比例、大量的研究和跨学科工作机遇及数百项课外活动。毕业生中涌现过奥运会金牌获得者、诺贝尔获奖者、普利策得奖者及德士古、可口可乐和伊士曼柯达公司前任总裁。

优势学科：电子工程，生物工程

网址：www.rice.edu

埃默里大学 (Emory University)

埃默里大学是一所综合性大学。在《美国新闻与世界报道》2012年的全美最佳大学排名中，埃默里大学被评为第20位。学校的研究成果在乔治亚州名列前茅，所提供的学位覆盖文理、商学、法律及医学专业。数百种学生社团供学生选择参加，75%的学生享受助学金。

优势学科：商学，法律，医学

网址：www.emory.edu

乔治城大学 (Georgetown University)

乔治城大学创建于1789年，是一所隶属于教会的文理学院。学院下设乔治城学院及商业管理系、驻外事务系和护理系。学校占地110英亩，位于华盛顿市中心，坐落在风景美丽如画的乔治城以及波多马克河边，在白宫西北面2英里左右。校园内最古老的建筑建于1795年，为佛兰德文艺复兴风格。

优势学科：国际关系，政治，商学，人文科学

网址：www.georgetown.edu

加州大学伯克利分校 (University of California–Berkeley)

加州大学伯克利分校是一所世界闻名的大学，在《美国新闻与世界报道》颁布的土木工程、环境工程、生态学、化学、电子计算机科学相关专业的排名上，均位列全美第一。加州大学伯克利分校培养了70多名诺贝尔奖获得者。除此之外，其校友还包括苹果、谷歌和英特尔公司的共同创立者。学校离旧金山只有一小时车程，学生可以尽情享受大自然的美丽风光。

优势学科：土木工程，生态科学，化学，计算机

网址：www.berkeley.edu

威克弗里斯特大学 (Wake Forest University[(WFU])

威克弗里斯特大学由北加州浸信会创建于1834年。该校是从事文科教育的小型学校，致力于宗教背景所崇尚的价值观，将本科教育视为自己的中心使命。威克弗里斯特大学以鼓励公民责任感及志愿精神为校训。学校设有丰富多样的学位课程，这些课程不仅重视课内表现，还要求学生在志愿精神、

领导能力及艺术方面具有突出的表现。

优势学科：商学，会计，医学，法学，管理科学

网址：www.wfu.edu

弗吉尼亚大学 (University of Virginia[UVA])

弗吉尼亚大学由美国第三任总统托马斯•杰斐逊创建于1819年，是一所公立大学。学校下设文理学院、建筑系、教育系、工程与应用科学系、护理系及麦金托斯商学院、达顿商业管理学院和文理研究生院。学校占地1151英亩，坐落在里士满西北约70英里的克劳斯维尔。

优势学科：建筑，商学，文学，法学

网址：www.virginia.edu

南加州大学 (University of Southern California [USC])

南加大创建于1880年，是一所私立综合大学。学校占地155英亩，主校区位于洛杉矶市区，校园环境优美，地处大都会中心，可方便参观博物馆、音乐厅。

优势学科：媒体艺术，商科

网址：www.usc.edu

加州大学洛杉矶分校 (University of California–Los Angeles)

加州大学洛杉矶分校在《美国新闻与世界报道》公布的美国大学排名中排第25名。该校电机工程和环境工程专业都排在全美前20，商科排在全美第15名。校友包括14位诺贝尔奖获得者，以及贝莱德集团、希尔顿酒店、三得利集团的首席执行官，学生可获得到位于洛杉矶周边的多家跨国公司实践机会。

优势学科：环境工程，电机工程，商科

网址：www.ucla.edu

卡内基梅隆大学 (Carnegie Mellon University [CMU])

卡内基梅隆大学创建于1900年，是一所私立大学。学校下设有卡内基技术学院、美术学院、人文与社会科学院、梅隆理学院及商业管理系和计算机

系。学校占地103英亩，距离匹兹堡市区五英里。

优势学科：计算机，工程科学，商科，公共政策

网址：www.cmu.edu

塔夫斯大学 (Tufts University)

塔夫斯大学建于1852年，校址在马萨诸塞州的梅德福，是一所综合性私立大学，现有学生8000多人。塔夫斯大学的办学原则是以质取胜、注重革新。从学生录取、教师的教学到学术研究、教学和科研设施的建立以及对教师的业绩评估等，塔夫斯大学都设立了严格的质量标准，并因其出色的教学和研究而享誉世界。

优势学科：人文科学，工程技术科学

网址：www.tufts.edu

密歇根大学安娜堡分校 (University of Michigan–Ann Arbor)

该校设有250多个研究领域，囊括了所有的应用专业，例如航空航天工程、核能工程与放射科学、智力、行为、认知科学、生物医学工程。密歇根大学的学生有机会与教授一起参与合作研究，在财富500强公司实习，或者参与交换生项目到世界各地不同的地方学习。

优势学科：航空航天，生物医学，工程技术科学

网址：www.umich.edu

北卡罗来纳州大学教堂山分校 (University of North Carolina at Chapel Hill [UNC])

北卡罗来纳州大学教堂山分校创建于1789年，是一所公立综合大学。学校下设文理学院、弗拉格勒商学院、成人教育学院、研究生院及牙医系、教育系、信息与图书馆学系、新闻与大众传播系、法律系、医学系、护理系、药剂系、公共健康系、社会工作系。校园坐落在距离达拉谟东北8英里的教堂山。

优势学科：新闻传媒，生物学，法学，医学

网址：www.unc.edu

美国大学本科申请流程解析

一、选择院校

在美国，有三千六百多所大学提供本科学位，一千七百多所大学提供硕士及硕士以上学位。

（一）大学排名

每年，《美国新闻与世界周刊》都会根据美国各大院校的学术声誉、录取率、毕业率、校友捐赠率等十多项指标进行大学排名。大学排名是学生选择院校的重要参考，但是不能作为唯一标准。

（二）学校录取要求

各大院校都会在官网上注明各专业的录取要求，比如语言成绩、平均成绩以及申请材料。

（三）专业设置

每所大学在教学上有所侧重，学科和专业各有优势。申请人一定要结合自己的专业方向选择有专业优势的大学。

（四）费用问题

美国大学有公立和私立之分，私立大学学费相对比较昂贵，公立大学（包括州立大学）学费则比较便宜。大部分大学会在官网上提供奖学金的申请方法。

二、留学考试的准备

留学美国需要参加的考试分为两类：一类是语言考试，一类是升学考试。

（一）语言考试

语言考试是用来测试母语非英语考生使用英语能力的，世界范围人数最多的两个考试是托福考试和雅思考试。

1.托福考试

（英文全称Test of English as a Foreign Language，简称TOEFL）由美国教育考试服务中心主办，专门用来测试非英语国家学生的英语水平和掌握英语的熟练程度的一种考试。目前美国、加拿大、英国、法国、德国、爱尔兰、新西兰、比利时、荷兰、丹麦、芬兰、挪威、奥地利、新加坡、日本、南非、香港等国家和地区的学校都承认托福成绩。

2.雅思考试

（英文全称International English Language Testing System，简称IELTS）是由英国文化委员会、剑桥大学地方考试委员会和澳大利亚教育国际开发署共同举办的国际英语水平测试，主要是英联邦国家（英国、澳大利亚、加拿大、新西兰等）承认，现在部分美国大学也已经承认雅思成绩。

（二）升学考试

如果你想申请美国、加拿大本科或者研究生的话，除了托福或者雅思成绩外，你还需要向学校提交如GRE、GMAT、LSAT、SAT、ACT等的考试成绩。

1.GRE

（英文全称Graduate Record Examination，简称GRE）是美国研究生的入学考试，它适用于除了法律（需LSAT成绩）与商业（需GMAT成绩）以外的其他各种学科与专业的研究生考试。

2.GMAT

（英文全称Graduate Management Admission Test，简称GMAT）由美国商学院研究所入学考试委员会委托美国教育考试服务中心举办的一门测试。

3.LSAT

（英文全称Law School Admission Test，简称LSAT），是美国法学院入学委员会法学院设置的入学资格考试，这些法学院多数分布在美国各州，少量在加拿大。几乎所有的法学院都要求申请人提交LSAT成绩，其成绩作为法学院评估申请者的主要条件之一，是一项非常重要的衡量标准。

4.SAT

（英文全称Scholastic Assessment Test，简称SAT）是由美国教育考试服务中心举办的学术水平测验考试。SAT是美国高等院校决定录取和评定奖学金发放的重要参考指标之一。

5.ACT

（英文全称American College Test，简称ACT）与SAT一样，也是美国高等院校决定录取和评定奖学金发放的重要参考指标之一。

三、申请材料的准备

美国留学申请的常规材料清单：

标准化考试成绩。

高中/大学/研究生阶段的成绩单。

个人简历

个人陈述或者ESSAY

推荐信

学位证、毕业证或者在读证明

财力证明

其他材料

除了上面八类材料外，你还可以准备以下材料：

专业课成绩单；

考试排名证明；

国际竞赛的获奖证书复印件；

发表过的学术论文等。

如果你申请艺术专业，还需要另准备作品集。

四、递交申请材料

现在几乎所有的美国学校都开通了“在线申请系统”，申请者可以直接在网上填写申请表，也就是“网申”。

五、“套词”与面试

在等待录取结果的这段时间，需要做的最重要的两件事就是“套词”和面试。

（一）“套词”

所谓的“套词”其实是指对于申请人通过电子邮件、电话、MSN等方式与教授沟通，

从而获取各种信息的方式。研究生奖学金发放，在很大程度上是由教授决定的，所以“套词”是申请者获得奖学金的重要手段。

（二）面试

面试的目的有三个：第一，了解学生的沟通能力；第二，核实申请材料是否属实。第三，了解学生对于学校的认识。面试在美国大学录取过程中非常重要，起着决定性作用。

六、等待结果和答复学校

如果是申请本科的话，有的学校12月份就开始发放录取信，而有的学校可能会到4月份。录取信中通常会注明最晚答复时间，申请者必须在这个时间之前回复学校是否接受录取。

七、签证的申请

如果接受了某所学校的录取，就可以开始准备签证了。只有拿到签证，整个申请过程才算真正结束。美国签证有很多种，赴美进行学术学习的留学生需要申请F1签证。

关键词：F1签证

F1签证的原则是：首先，申请人必须证明自己有能力在美国做全日制学生。其次，申请人还必须证明自己进入美国并短暂停留的唯一目的是在已建立的学术机构完成学业。第三，申请人还必须证明自己有能力支付学费和上学期间所需的生活费用。申请者可以参考使馆网站或签证中心网站公布的信息。

美国私立高中TOP100名校一览

校名	类型	所在州	SAT均分
Phillips Exeter Academy 菲利普艾斯特中学	Co-ed	NH 新罕布什尔州	2085
Thomas Jefferson School 托马斯·杰斐逊中学	Co-ed	MO 密苏里州	2070
Groton School 格罗顿中学	Co-ed	MA 马萨诸塞州	2060
Concord Academy 康科德学校	Co-ed	MA 马萨诸塞州	2040
St.Paul's School 圣保罗中学	Co-ed	NH 新罕布什尔州	2036
Middlesex School 米德尔塞克斯中学	Co-ed	MA 马萨诸塞州	2030
Hotchkiss School 霍奇基斯中学	Co-ed	CT 康涅狄格州	2013
Phillips Academy Andover 安多佛菲利普斯中学	Co-ed	MA 马萨诸塞州	2008
Deerfield Academy 迪尔菲尔德中学	Co-ed	MA 马萨诸塞州	2000
Peddie School 佩蒂中学	Co-ed	NJ 新泽西州	2000
St.Andrew's School 圣安德鲁中学	Co-ed	DE 特拉华州	1999
Lawrenceville School 劳斯维伦斯中学	Co-ed	NJ 新泽西州	1998
The Hockaday School 霍克黛女子中学	All-girls	TX 德克萨斯州	1992
Choate Rosemary Hall 乔特罗斯玛丽中学	Co-ed	CT 康涅狄格州	1981
Cate School 凯特中学	Co-ed	CA 加利福尼亚州	1980
Indian Springs School 印第安泉中学	Co-ed	AL 亚拉巴马州	1965
The Thacher School 撒切尔中学	Co-ed	CA 加利福尼亚州	1960
Georgetown Preparatory School 乔治城预备中学	All-boys	MD 马里兰州	1950
Loomis Chaffee School 路米斯卡费中学	Co-ed	CT 康涅狄格州	1946
St.Mark's School 圣马可中学	Co-ed	MA 马萨诸塞州	1930
The Webb Schools 韦伯中学	Co-ed	CA 加利福尼亚州	1930
St.Stephen's Episcopal School 圣斯蒂芬主教中学	Co-ed	TX 德克萨斯州	1924
Episcopal High School 主教高中	Co-ed	VA 弗吉尼亚州	1922
The Madeira School 马德拉中学	All-girls	VA 弗吉尼亚州	1920
Oregon Episcopal School 俄勒冈主教中学	Co-ed	OR 俄勒冈州	1910
Saint James School 圣詹姆斯中学	Co-ed	MD 马里兰州	1910
The Athenian School 雅典中学	Co-ed	CA 加利福尼亚州	1900
St.George's School 圣乔治中学	Co-ed	RL 罗得岛州	1900
Emma Willard School 艾玛维拉德中学	All-girls	NY 纽约州	1892
Advanced Academy of Georgia 乔治亚高级中学	Co-ed	GA 佐治亚州	1888
Santa Catalina School 圣特凯特利那中学	All-girls	CA 加利福尼亚州	1886
Cranbrook Schools 克莱布鲁克中学	Co-ed	MI 密歇根州	1885
Woodside Priory School 伍德赛德中学	Co-ed	CA 加利福尼亚州	1884
St.Anne's-Belfield School 圣安尼贝尔费德中学	Co-ed	VA 弗吉尼亚州	1883
Stevenson School 史蒂文森中学	Co-ed	CA 加利福尼亚州	1880
Asheville School 阿什维尔中学	Co-ed	NC 北卡罗来纳州	1870
The Cambridge School of Weston 威斯顿剑桥中学	Co-ed	MA 马萨诸塞州	1865
Miss Porter's School 波特中学	All-girls	CT 康涅狄格州	1863
Brooks School 布鲁克斯中学	Co-ed	MA 马萨诸塞州	1860
Dana Hall School 丹娜豪女中中学	All-girls	MA 马萨诸塞州	1854
Blair Academy 布莱尔中学	Co-ed	NJ 新泽西州	1850

Hill School 西尔中学	Co-ed	PA 宾夕法尼亚州	1850
Tabor Academy 泰伯中学	Co-ed	MA 马萨诸塞州	1850
Westover School 西部中学	All-girls	CT 康涅狄格州	1850
Rabun Gap-Nacoochee School 罗本盖普中学	Co-ed	GA 佐治亚州	1845
Westtown School 西城中学	Co-ed	PA 宾夕法尼亚州	1840
The Stony Brook School 石溪中学	Co-ed	NY 纽约州	1837
Mercersburg Academy 莫斯堡中学	Co-ed	PA 宾夕法尼亚州	1830
Fountain Valley School of Colorado 科罗拉多山泉中学	Co-ed	CO 科罗拉多州	1828
St.John's Preparatory School 圣约翰预备中学	Co-ed	MN 明尼苏达州	1824
McCallie School 迈克林中学	All-boys	TN 田纳西州	1823
San Domenico School 圣多明尼哥中学	All-girls	CA 加利福尼亚州	1821
Hun School of Princeton 普林斯顿中学	Co-ed	NJ 新泽西州	1820
Westminster School 伍斯特明德中学	Co-ed	CT 康涅狄格州	1817
Portsmouth Abbey School 波特茅斯教会中学	Co-ed	RL 罗得岛州	1815
Western Reserve Academy 西储中学	Co-ed	OH 俄亥俄州	1815
Woodberry Forest School 伍德贝瑞森林中学	All-boys	VA 弗吉尼亚州	1814
Saint Andrew's School 圣安德鲁中学	Co-ed	FL 佛罗里达州	1811
Linden HAll 林顿·豪女子中学	All-girls	PA 宾夕法尼亚州	1806
Governor's Academy 州长中学	Co-ed	MA 马萨诸塞州	1802
Annie Wright School 安妮怀特中学	All-girls	WA 华盛顿州	1800
Besant Hill School 贝赛特山高中	Co-ed	CA 加利福尼亚州	1800
Bolles School 伯乐中学	Co-ed	FL 佛罗里达州	1800
George Stevens Academy 乔治史蒂文学院	Co-ed	ME 缅因州	1800
Oliverian School 奥利文中学	Co-ed	NH 新罕布什尔州	1800
Wasatch Academy 瓦萨琪中学	Co-ed	UT 犹他州	1800
Webb School 韦伯中学	Co-ed	TN 田纳西州	1800
Garrison Forest School 葛莉森林女子中学	All-girls	MD 马里兰州	1790
Salem Academy 塞伦中学	All-girls	NC 北卡罗来纳州	1787
Northfield Mount Hermon School 北野山高中	Co-ed	MA 马萨诸塞州	1782
Avon Old Farms School 埃文农场中学	All-boys	CT 康涅狄格州	1780
Berkshire School 巴克夏中学	Co-ed	MA 马萨诸塞州	1780
Canterbury School 坎特伯雷中学	Co-ed	CT 康涅狄格州	1780
Delphian School 特尔菲中学	Co-ed	OR 俄勒冈州	1779
George School 乔治中学	Co-ed	PA 宾夕法尼亚州	1775
Foxcroft School 福克斯克罗夫特女子中学	All-girls	VA 弗吉尼亚州	1774
Chatham Hall 查塔姆霍尔中学	All-girls	VA 弗吉尼亚州	1770
Conserve School 康斯弗中学	Co-ed	WI 威斯康星州	1758
Williston Northampton School 威利斯顿·诺塞普顿中学	Co-ed	MA 马萨诸塞州	1757
MacDuffie School 马杜菲中学	Co-ed	MA 马萨诸塞州	1751
Saint Mary's School 圣玛丽中学	All-girls	NC 北卡罗来纳州	1750
Trinity Pawling School 圣三一珀林中学	All-boys	NY 纽约州	1750
Grier School 葛丽尔女子中学	All-girls	PA 宾夕法尼亚州	1750
Baylor School 贝乐中学	Co-ed	TN 田纳西州	1735
Pomfret School 庞弗雷特中学	Co-ed	CT 康涅狄格州	1733
CFS.The School at Church Farm 主教农场中学	All-boys	PA 宾夕法尼亚州	1730
Salisbury School 萨利士伯瑞男子中学	All-boys	CT 康涅狄格州	1730
Putney School 帕特尼中学	Co-ed	VT 佛蒙特州	1725
Holderness School 霍德尼斯中学	Co-ed	NH 新罕布什尔州	1720
Virginia Episcopal School 弗吉尼亚主教中学	Co-ed	VA 弗吉尼亚州	1720

White Mountain School 白山中学	Co-ed	NH 新罕布什尔州	1713
Solebury School 索尔伯瑞中学	Co-ed	PA 宾夕法尼亚州	1710
Subiaco Academy 速比亚可中学	All-boys	AR 阿肯色州	1710
Millbrook School 密尔布鲁克中学	Co-ed	NY 纽约州	1706
Lawrence Academy 劳伦斯中学	Co-ed	MA 马萨诸塞州	1704
Suffield Academy 沙费德中学	Co-ed	CT 康涅狄格州	1702
Christ School 基督中学	All-boys	NC 北卡罗来纳州	1700
Colorado Rocky Mountain School 科罗拉多洛基山高中	Co-ed	CO 科罗拉多州	1700
Dunn School 邓恩中学	Co-ed	CA 加利福尼亚州	1700
Perkiomen School 伯科曼学校	Co-ed	PA 宾夕法尼亚州	1690

美国高中申请流程解析

一、高中申请流程概述

参加SLEP测试，或参加TOEFL及美国私立中学入学考试(SSAT)

↓

根据个人的条件以及特性，从多方面进行考虑选择合适的学校

↓

按照学校要求的材料清单准备个人申请材料

↓

填写心仪高中的申请表，邮寄给学校。申请材料中包括父母或监护人调查问卷、学生调查问卷、教师推荐信、近两年学习成绩单、IBT/SSAT/SLEP成绩、财力证明

↓

如果学生希望得到经济帮助，则需填写经济援助申请表

↓

办理护照（建议尽量提前办理）

↓

学生可能会被要求参加电话或者现场面试。
如果符合条件，学生将会收到录取通知书

↓

联系学校、申请住宿及联系接机

↓

买好机票，出发

二、高中申请材料清单

成绩相关资料：

IBT成绩单复印件以及IBT的网上ID和密码（便于后期寄送官方成绩）/IELTS成绩单复印件。

SSAT成绩单复印件以及注册考试的网上ID和密码（便于后期寄官方成绩）。

SLEP成绩单原件（提供复印件一份）。

初中7～9年级（初一～初三）的成绩单（中英文对照，加盖学校印章，装入学校正规信封，信封封口初也需要加盖学校印章）。

高中在读的成绩单（中英文对照，加盖学校印章，装入学校正规信封，信封封口初也需要加盖学校印章）。

初中毕业证（中英文对照，加盖学校印章，装入学校正规信封，信封封口初也需要加盖学校印章）。

资金材料：

本人或资助人的美金或人民币存款的银行存款证明。

金额一般在4万～5万美金不等或35万～50万元人民币不等（根据具体的学校情况不同而定，具体提供的时候需要与顾问确定，银行存款证明提供的数量要与申请的学校数量相同，比如申请5个学校需要提供5份银行存款证明）。

其他资料：

如有获奖，提供奖状复印件或学校开具的获奖证明。

如果有相关的社团活动照片或其他对申请有帮助的照片，请提供，并附上中文说明。

身份证或护照复印件。

若申请人目前不在中国，请咨询顾问在前期材料准备时让学生提供护照、签证，在美学生提供I-94卡、I20/DS2019表及一切国外居留身份的证件复印件或扫描件空白信纸以及空白不盖章的高中信封，用于打印和装推荐信，每申请1个学校需要提供3个信封，根据申请学校数量要求学生提供足够的信纸和信封（比如申请2个学校就要提供6个信封）。

部分美国高中需要申请者提供体检报告

护照扫描件

三、基本年龄要求

一般来讲，申请者可以申请到对应的美国课程或者上一级课程，因此国内初二的学生就可以申请美国的高中课程了，即美国9年级课程。从保证申请及签证的角度来考虑，申请高中课程的学生年龄最好不要超过18岁。

中美两国的中等教育的设置：

中国初级中学，初一到初三（13–15岁）；高级中学，高一到高三（16–18岁）。

美国初级中学，7–8年级（13–14岁）；高级中学，9–12年级（15–18岁）。

四、申请时间规划

秋季申请时间规划：

7–8月

制定选校方案，准备申请材料。

在选校时，有很多因素可以参考，但建议以学校的教育质量和SAT要求为首。

9–12月

参加SLEP/TOEFL/SSAT考试，如果要申请美国最顶尖的私立高中，SSAT和TOEFL是敲门砖，高分能让学生获得评估委员的好感。

10–11月

完成申请并寄送申请材料。申请美国的私立高中，不仅仅要依靠学生的语言测试分数，学校也很看重学生的申请表格内容，一般来说大多数学校是非常青睐数学科目好的学生。

11–12月

联系学校预约面试。面试在申请的过程中占了相当的一个比例。

第二年1—3月

和学校保持联系，询问进度。在这个段时间中是学校开始评估学生申请的时间段。

4—5月

等待录取结果。大多数私立高中都会在3—4月陆续发发放录取结果。学生在拿到录取后可以开始决定自己究竟最后要去哪一所学校，然后给予反馈。

6—7月

交纳定金预约签证。学生在这段时间里需要支付学费定金给最终决定接受录取的学校，并在开学前把剩下的学费支付给学校。

8月

行前准备。联系安排住宿、接机、选课等。

美国留学20个最受欢迎的热门专业分析

建筑

建筑专业是工程和管理学相结合的专业。以学习如何设计建筑为主，同时学习相关基础技术课程的学科。不仅涉及建筑物的外形、内部结构、使用材料等，也包括建筑物周边的景观设计。

航空航天

主要职业是航空航天设计工程师。航空航天专业的培养目标是培养具有较好数学、力学基础知识，飞行器工程基本理论，飞行器总体结构设计与强度分析、试验能力，能从事飞行器（包括航天器与运载端）总体设计、结构设计与研究、结构强度分析与试验，并有从事通用机械设计及制造的高级工程技术人员和研究人员。

电机工程

市场需求量大，职业要求具备机械制图、工程力学、机械设计基础，液压传动、机械制造基础，电工与电子技术、计算机应用、现代企业管理等基础理论和基本知识。毕业生主要从事机电设备的安装、调试、运行、维修与检测工作，也可从事机电产品的营销与技术服务等与机电技术应用相关的工作。

环境工程

本专业学生主要学习普通化学、工程力学、测量学、工程制图、微生物学、水力学、电工学、环境监测、环境工程学科的基本理论和基本知识，应该掌握环境科学技术和给水排水工程领域的科学研究、工程设计和管理规划方面的基本能力。毕业可从事环境咨询师、政府规划专家、企业资源部经理等职业。

信息工程

本专业培养具有信息的获取、传递、处理以及利用等方面的知识，能在信息产业等国民经济部门及国防部门从事信息系统的研究、设计、集成以及制造等方面工作的信息工程学科的高级工程技术人才。

工业工程

市场需求量大。该专业是是从科学管理的基础上发展起来的一门应用性工程专业技术。“工业工程是对人、物料、设备、能源和信息等所组成的集成系统，进行设计、改善和实施的一门学科”在美国，毕业生可进入工业界成为薪酬较高的企业管理人员、主管和工程师。

城市规划

主要学习城市规划，城市生态与环境保护，城市交通，城市市政工程规划，区域规划等的基础理论和基本知识，掌握城市规划、城市设计和城市规划管理的基本能力，并能参与城市社会与经济发展规划、区域规划、城市开发、房地产筹划以及相关政策法规研究等方面工作。

信息管理与信息系统

市场需求量大。毕业生主要从事计算机程序员、计算机系统分析师和系统管理员等职业。该专业培养的学生具备现代管理学理论基础，计算机科学技术知识及应用能力，是能在国家各级管理部门、工商企业、金融机构、科研单位等部门从事信息管理以及信息系统分析、设计等方面工作的高级专门人才。

计算机

市场需求量巨大。毕业生主要从事编程员、系统分析师、计算机工程师、信息系统分析师等工作，可面向交通系统各单位，交通信息化与电子政务建设与应用部门，各类计算机专业化公司，广告设计制作公司，汽车营销技术服务等从事IT行业工作。

机械工程

机械工程专业侧重培养学生解决机械生产过程中的技术问题，是以有关的自然科学和技术科学为理论基础，结合生产实践中的技术经验，研究和解决在开发、设计、制造、安装、运用和修理各种机械中的理论和实际问题的应用学科。

精算专业

市场需求量不大，但是从业人员少。毕业生往往选择在保险公司、投资银行工作，可从事精算师、会计师、风险投资家、银行职员等工作。该学科是依据经济学的基本原理，运用现代数学、统计学、金融学及法学等各种科学有效的方法，对各种经济活动中未来的风险进行分析、评估和管理，是现代保险、金融、投资实现稳健经营的基础。

金融管理

专业前景很好，市场需求量大。本专业培养具备金融学方面的理论知识和业务技能，具有社会科学、数学、计算机等专业知识，善于运用批判思维与阅读能力以及研究精神和团队精神工作，能在银行、证券、投资、保险及其他经济管理部门和企业从事相关工作的专门人才。不同行业毕业生的收入差距悬殊。

商业管理

商业管理依据管理学、经济学的基本理论，研究如何运用现代管理的方法和手段来进行有效的企业管理和经营决策。该专业涉及范围较广，所学课程涵盖了经济学、管理学等诸多课程，是一门基础宽、实用型强的学科。市场需求量大，从业人员多。毕业生往往选择从事会计、税务、财政管理和销售工作。

公共管理

公共管理专业旨在为政府部门和非政府机构以及企事业单位的人事和行政机构培养宽口径、复合型、应用型的公共管理高层次专门人才。在美国，该专业大约一半的毕业生大多为联邦、州和地方政府服务，另一半在企业公司上班。

会计

会计工作是将财政、经济的数据进行搜集、处理、总结，并将之作为指导商业管理决策的科学根据。市场需求量巨大，会计专业领域涉及面广，鉴证、审计、税收、公司会计、管理会计、财务管理、破产清算、法务会计、预算制定，商业咨询等等都是会计专业涉及的领域。

药剂学

药剂学是研究药物配制理论、生产技术以及质量控制等内容的综合性应用技术学科。其基本任务是研究将药物制成适宜的剂型，保证以质量优良的制剂满足医疗卫生工作的需要。现代药剂学有很大发展，还包括生物药剂学、物理药剂学、化学药剂学等。

理疗康复

这是一个迅速发展的专业，主要使用物理设备和电子仪器帮助恢复人体各项功能，应用范围十分广泛。该专业要求学生具备优秀的生物、化学、物理、数学知识和很好的身体素质、沟通能力。

食品科学

食品科学大致分为食品化学、食品工程、食品微生物学等几个分支，属于跨学科专业。学生需要具备良好的生物、化学知识。市场需求量大，毕业生待遇不错。

医疗技术

医疗技术，是指医疗机构及其医务人员以诊断和治疗疾病为目的，对疾病做出判断和消除疾病、缓解病情、减轻痛苦、改善功能、延长生命、帮助患者恢复健康而采取的诊断、治疗措施。毕业生薪资待遇不错，一般到医院或者医疗器械企业中从事管理、销售工作。

心理学

心理学是一门研究人类及动物的心理现象、精神功能和行为的科学，既是一门理论学科，也是一门应用学科。心理学研究涉及知觉、认知、情绪、人格、行为和人际关系等许多领域，也与日常生活的许多领域——家庭、教育、健康、社会等发生关联。随着工作经验的增长，从业者待遇会相应地得到明显提高。

历史

历史专业是一门综合的社会科学，要求学生具备较强的阅读、写作、语言表达能力。在美国，很多政府和商界精英本科时期都会选择主修历史专业。有人说，历史专业是共度法学院和商学院的最好预备专业，是一门“贵族学科”。市场需求量中等，就业领域广阔。